介绍人气款式的制作方法

最详尽的拼布教科书

详细解说拼布、绗缝的方法和具体过程。

新星出版社编集部 编著 赵净净 译

U0345294

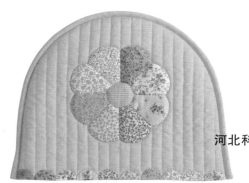

河北科学技术出版社

C O N T E N T S

Part 2
拼布绗缝的基础

Part 3
18款人气拼布样式

Part 4
一起来做拼布绗缝的可爱小物吧

Part 5
绗缝技法

本书的使用方法 ···

- 作品素材：制作过程中，用宽×长表示所需布料的尺寸。此外请准备与布料颜色
  协调的线。
- 裁剪图：展示如何搭配复数布块和如何裁剪的方法。
- 尺寸图：展示作品用布的尺寸和缝头。
- 卷末的大张实物纸样：刊登了含曲线的基本部件。
- 过程图：介绍制作方法的照片，不一定与成品图片上用的布料完全相同。此外，
  为展示过程图，使用了比较醒目颜色的线。
- 插图内数字单位：cm。

拼布与拼布绗缝

　　拼的含义是"缝补""拼接"，把一些碎布块缝在一起做成一个布艺作品，称为"拼布"。"绗缝"是指在拼好的表布和里布中间夹入棉芯（铺棉），三层叠在一起后再绣缝的做法，可以说是属于拼布的延伸领域的技法。

　　Part1 主要介绍一些拼布做成的小物和包包。

　　Part2 ~ Part3 介绍拼布绗缝的代表性技法"平针绗缝"。把剪成三角形、四角形、六角形的小布块（平针缝）缝起来形成作品。

　　Part4 介绍用平针绗缝方法制作而成的小物。

　　Part5 介绍其他绗缝技法。

拼布

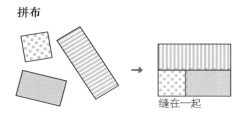

缝在一起

拼布绗缝

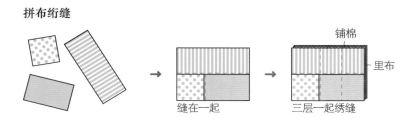

缝在一起　　三层一起绣缝

铺棉

里布

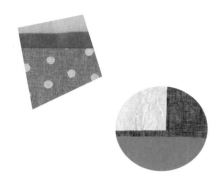

Part 1

享受拼布的乐趣！

通过变换布块的组合方法，可以形成多种多样的色彩搭配和个性化的花样，
从而打造出焕然一新的拼布样式，实在是不可思议。
请务必体验一下一点一点地把布块拼起来，做成小物或包包的乐趣。
用平时剩下的零碎布头，也可以随意拼接出各种创意哟！
Part1 的作品是用缝纫机制作而成的。

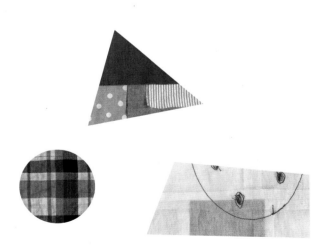

用碎布头做 可爱 小物

平时做东西剩下的碎布头，你是如何处理的呢？不起眼的碎布头，也可以通过巧妙的拼接，变成焕然一新的布艺作品。赶快动起手来！用这些碎布头，制作一些对日常生活有用的可爱小物吧！

好拿又方便！
防烫手套

材料（1只用料）

表布……碎布头 约10cm×8cm　4块（4种颜色）
里布……碎布头 约10cm×20cm
粘合衬……10cm×19cm
铺棉（厚）……10cm×19cm
皮革细绳（细）……6cm
刺绣线……适量

成品尺寸：长17cm×宽8cm
·防烫手套的实物大小纸样在P11。
·本书中材料布的尺寸，用长×宽的尺寸表示。

表布3块，口袋布1块，里布1块
把皮革细绳也放上去，检查一下配色。

● 制作方法

① 把碎布头拼接起来，做成表布

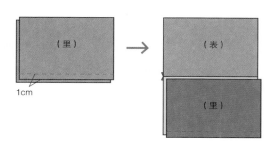

（里）

1cm

（表）

（里）

将两片布头正面相对对齐，留出1cm的缝份将两片布缝合起来。用同样的办法缝上另一片。

② 在表布的反面粘上粘合衬

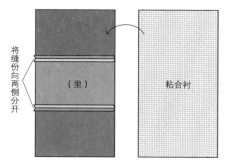

将缝份向两侧分开

（里）

粘合衬

先将缝份向两侧分开，用熨斗熨平，再在表布的反面粘上粘合衬。

③ 按照铺棉、里布（正面朝上）、口袋布（反面朝上）、表布（反面朝上）的顺序叠放

把P11的纸样放在②上面，临摹出形状。口袋布在缝合时要略低于中间布块和下表布块的缝合线。

重点 这样做可以使手套成型时，隐约能看到蓝色布块，可为手套增加亮点。

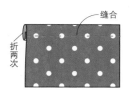

缝合

折两次

口袋布需先在一端折两次，然后从正面缝合。

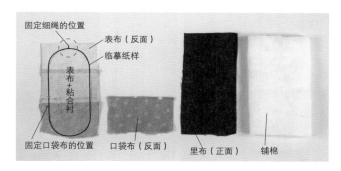

固定细绳的位置

表布（反面）

临摹纸样

表布+粘合衬

固定口袋布的位置　口袋布（反面）　里布（正面）　铺棉

④ 沿纸样的临摹线缝一圈

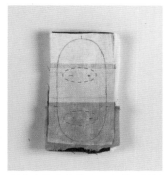

为防止❸中叠放在一起的4层材料移动，在图中的两个位置钉上大头针固定。

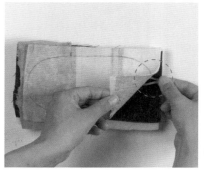

将皮革细绳对折，使线环部分朝内，放入表布和里布中间，暂时固定。

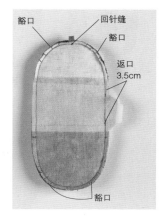

豁口

回针缝

豁口

返口
3.5cm

豁口

留出长3.5cm的返口，沿纸样临摹线缝一圈。皮革细绳部分采用回针缝。缝份处留1cm并修剪整齐。转弯处剪出豁口。

❺ 返回正面，把返口合上

返口

从返口翻回正面。

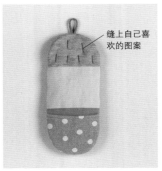

缝上自己喜欢的图案

从返口中插入绣花针，用刺绣线缝出图案，然后在返口缲缝将其合上（参考P83）。

这样使用！

4只手指插入口袋夹紧。非常贴合，方便使用。

防烫手套布料挑选要点

这种颜色可是亮点哟！

▶ **增加亮点**

4片碎布中只选1片带图案的，或全选同色系的，尽情地尝试，边检查颜色的协调度边选择吧！

表布的3片布块中，最下面那一块会被口袋布遮起来，只能露出很少一部分。选择布块时确保这块布的颜色能成为亮点，可以提高作品整体效果。

同色系组合

统一褐色系

协调的色调打造出温暖感觉

撞色组合

黄和紫的对撞色分布于上下位置的组合

口袋布带花纹

用圆点花纹可以打造出时尚感

突出亮点的选布法

红色和橘色等鲜艳色成为亮点

条纹

用带条纹图案的布增加整体协调感。

千鸟格

巧妙运用了千鸟格图案的布块。

10

防烫手套的实物大小纸样

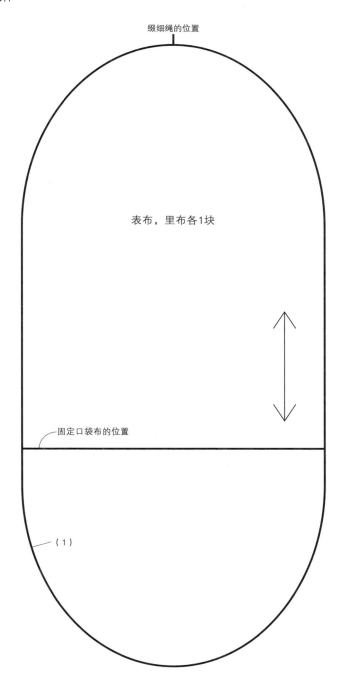

缀细绳的位置

表布，里布各1块

固定口袋布的位置

（1）

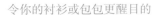令你的衬衫或包包更醒目的

小鸟胸针

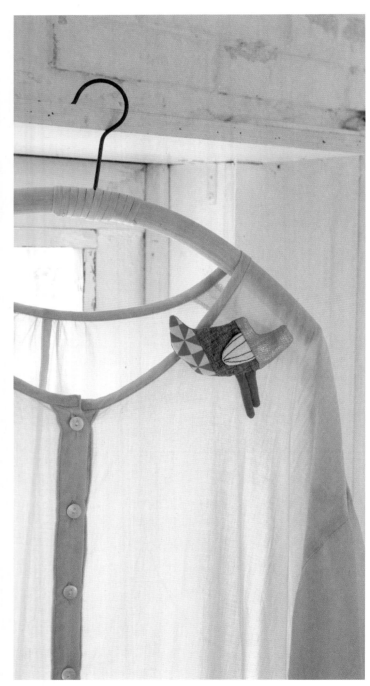

材料

表布
　　碎布头　约5cm×10cm　3块
　　　　　　（头，腹，尾）
　　碎布头　约4cm×4cm　2块（羽毛）
　　碎布头　约3cm×4cm　4块（脚）
里布
　　碎布头……约11cm×10cm
　　填充棉……适量
　　刺绣线……适量
　　胸针……1个

成品尺寸：长11cm×宽10cm
小鸟胸针的实物大小纸样在P14

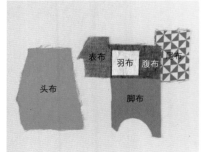

头布纯色，尾布花纹，脚布和里布用反
色调的红绿色，以突出小鸟的形象。

●制作方法

❶ 制作翅膀和脚，将翅膀缝入，制作表布

缝好花样

←在1块羽布的正面缝上纸样（P14）中的花样（徒手画不行时，先用画粉等勾勒出形状）。2枚羽布正面相对，缝在一起，并把周围多余的布料剪掉。翻回正面，熨烫平整。

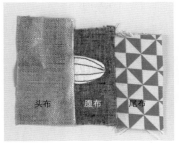

头布　腹布　尾布

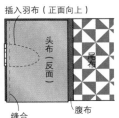

插入羽布（正面向上）

头布（反面）

尾布

缝合

腹布

→用于制作鸟腿的2块布正面相对，按纸样缝合出轮廓，剪掉多余的布。之后翻回正面，熨烫平整。做2条腿。

把3块布缝合在一起制作成表布（参考P9-①）。将头布和腹布缝合起来时，把翅膀插入两者中间缝合（参考插图）。熨烫平整后将缝份剪掉。

❷ 把里布重叠起来缝合

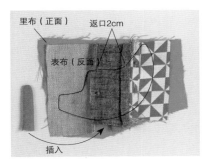

里布（正面）　返口2cm

表布（反面）

插入

使表布与里布正面相对对齐，在上面勾勒出纸样的形状。把两只脚插入腹部，约留出2cm的返口。沿纸样线条缝合一圈。

重点 脚要朝上指向返口一侧。

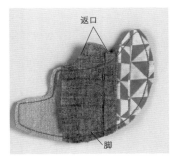

返口

脚

缝合之后，留出缝份，并把多余的布料剪掉。

❸ 翻回正面，缝合返口

从返口返回到正面。

缝出自己喜欢的花样。

从返口插入针，在腹部用刺绣线缝出自己喜欢的花样，然后用缲缝针法（参考P83）把返口缝起来。

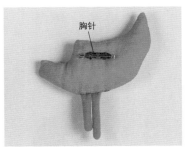

胸针

在背面缝上胸针，作品就完成了。

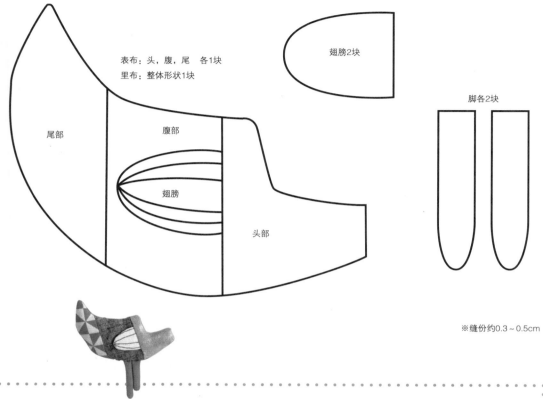

表布：头，腹，尾 各1块
里布：整体形状1块

尾部

腹部

翅膀

头部

翅膀2块

脚各2块

※缝份约0.3～0.5cm

发挥想象力，做出更多可爱的胸针！

任意发挥你的想象力，用大象、树木、鱼等的形象，尝试做出更多可爱的胸针吧！
制作方法与小鸟胸针相同。
以主题图案为纸样，把碎布块缝起来做成表布，然后按照纸样尺寸把表布和里布缝合
在一起，并剪掉多余的布料。
再在缝好的作品上添加花边或喜欢的贴布、刺绣等，一枚饱含创意的胸针就完成了。

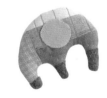

白色零钱包

材料

表布⋯⋯碎布块 （10～15）cm×（10～15）cm 11块左右（白色系 根据个人喜好准备数种）

里布⋯⋯碎布块 25cm×38cm

拉链（平针缝）⋯⋯20cm 1条 白色

成品尺寸：长23cm×宽17cm

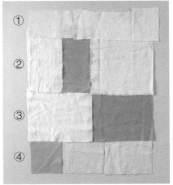

把白色系的布剪成长方形，将它们排列成30cm×50cm大小的形状。

● 制作方法

❶ 先横向缝合

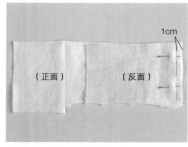
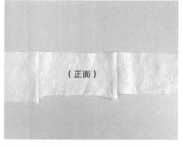

1cm

（正面）　（反面）

（正面）

剪掉缝份

（反面）

把P15图①中的2枚碎布块正面相对对齐缝合，缝合的时候留出1cm的缝份（参考P9-①）。另1枚碎布块也正面相对对齐，用大头针固定起来。

缝合后3块布片连在一起的状态。

熨烫平整后把缝份剪掉。

❷ 纵向缝合，把所有布块连成1块

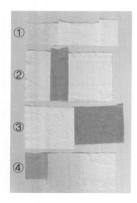

①
②
③
④

用同样的方法把②，③，④也缝合起来。

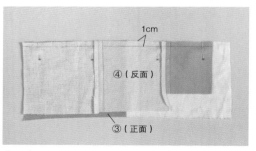

1cm

④（反面）

③（正面）

③和④正面相对对齐后，在距布头侧1cm处划出标记，然后用大头针固定起来。

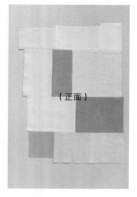

（正面）

把③和④缝合起来，并用同样的方法把②和①也连成一片。

圆点花纹

用画粉画出直径8~9cm的圆。在这些圆的中间，画一些小圆点，同时反复进行回针缝。用画粉一些直径1cm左右的圆点花纹。

❸ 缝上拉链

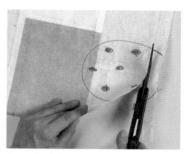

把布块修剪成长50cm×宽25cm
大小。

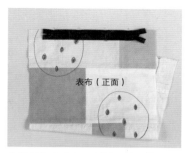

将拉链与表布开口侧的一端对齐，并
用大头针固定起来（或先疏缝）。

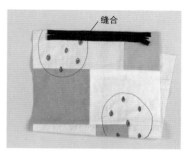

把拉链缝上去。

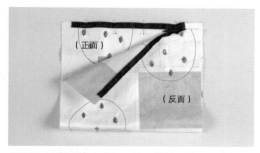

将两块布正面相对对齐，拉开拉链，在另一侧开口
处用大头针固定起来（或先疏缝）。

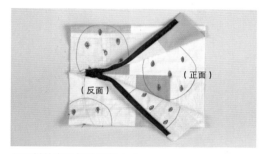

用同样的方法把拉链缝上去。

❹ 放上纸样修剪成型

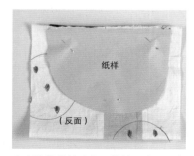

在步骤❸的基础上，使拉链在上，布
块保持正面相对状态，把纸样（P19）
放上去并用大头针固定，然后描画出
形状。

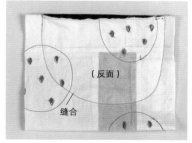

使拉链处于拉开状态，把侧面和底部缲
缝起来。

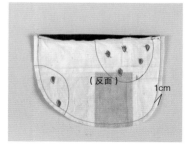

留出1cm左右的缝份，然后把侧面和
底部多余的布料剪掉。

❺ 制作内袋

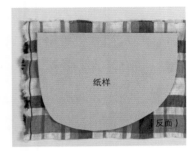
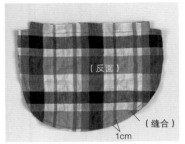
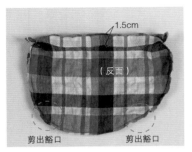

把制作内袋用的布正面相对对折起来，在上面描画出纸样的形状。

预留出拉链位置，在侧面和底部缲缝。留出1cm的缝份，然后把多余的布料剪掉。开口侧两端各剪出长和宽均为1.5cm的口子。

把开口处的布折进内侧。先在底部两个弧线位置剪出豁口。

❻ 制作拼条，与内袋缝合起来

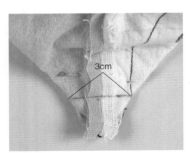

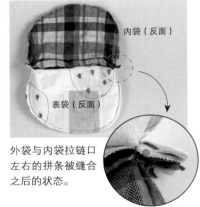

在外袋拉链口左右打上3cm的拼条标记。

同样，在内袋拉链口的左右也打上3cm的拼条标记。把外袋和内袋的标记对齐，然后缝合起来。

外袋与内袋拉链口左右的拼条被缝合之后的状态。

横向看到的状态

❼ 把内袋缲缝起来

步骤❻完成后返回到正面，把内袋放进外袋中。把内袋口用缲缝针法（参考P83）缝合在外袋的拉链口边缘。

碎布块保存方法小贴士

整齐地放在大筐子里，或放在大瓶子里，碎布块的保存方法有很多种，放入大网眼袋中挂在房间里也是一个好方法。通风状况较好，可以在一定程度上防止布块变潮。一眼就能看出里面放了什么样的布，也便于取出。令你不忍放弃任何一小块布，都好好地放进去等待将来物尽其用。

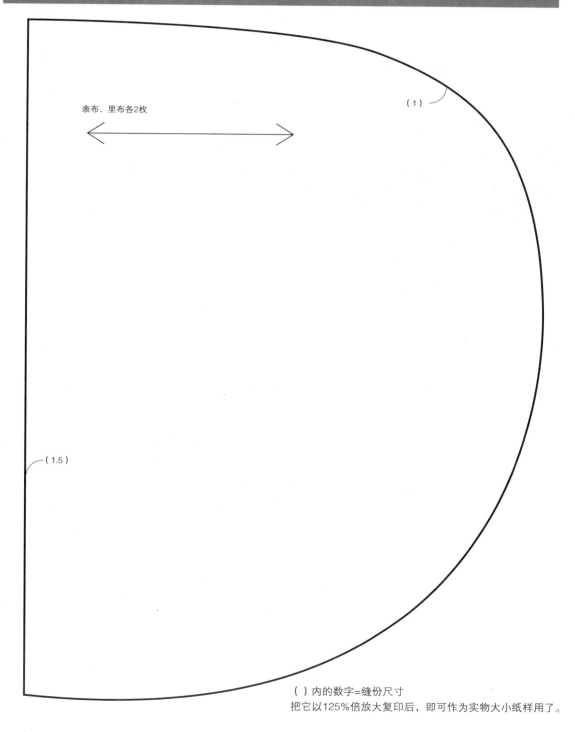

表布、里布各2枚

（1）

（1.5）

（）内的数字=缝份尺寸
把它以125%倍放大复印后，即可作为实物大小纸样用了。

头部和尾巴2枚一起做出

鳄鱼书套（口袋本大小）

材料（2枚用）

碎布块……各种（适量）

底布……棉（褐色）麻（米色）

　　　　25.5cm×18cm 各1块

里布……棉　25.5cm×18cm　2枚

口袋布……棉　14cm×18cm　4枚

粘合衬……78cm×16cm

成品尺寸：16cm×23.5cm

共使用15～17枚碎布块。搭配时注意颜色和花纹保持协调。
预留出鳄鱼脚的部分。

20

● 制作方法

❶ 把碎布块一块压一块叠放好，然后从上面开始缝合

摆放布块时拼出鳄鱼的形态（全长42cm×11cm，嘴长约9cm）。

将布块①和②稍微重叠起来，在上面缝合好后按压住（序号为缝合顺序）。

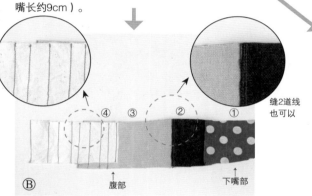

用同样的方法缝合。
在白布上用缝纫针脚随意添加花样。

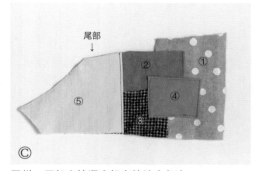

同样，尾部也按顺序把布块缝合起来。

❷ 全部缝合后做出鳄鱼的形状

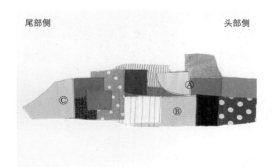

把①中做好的A、B、C布缝合成完整的一块。也可以根据个人喜好添加其他小布块。

❸ 贴粘合衬

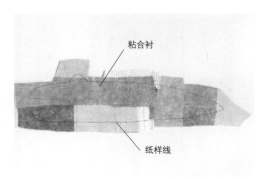

把粘合衬粘在②的内侧，然后画出纸样（P24～P25）的形状。

❹ 把鳄鱼放在底布上，剪开

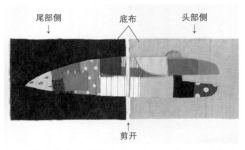

尾部侧　底布　头部侧

剪开

把鳄鱼剪下来，然后用缝纫针脚添加一些圆点花纹（参考P16）。

把2枚底布放好，鳄鱼放在底布上，剪开，头部和尾巴分别在2块布上。

❺ 把鳄鱼分别固定在底布上

头部侧

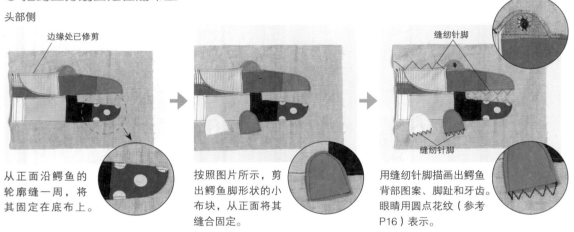

边缘处已修剪

缝纫针脚

缝纫针脚

从正面沿鳄鱼的轮廓缝一周，将其固定在底布上。

按照图片所示，剪出鳄鱼脚形状的小布块，从正面将其缝合固定。

用缝纫针脚描画出鳄鱼背部图案、脚趾和牙齿。眼睛用圆点花纹（参考P16）表示。

尾巴侧

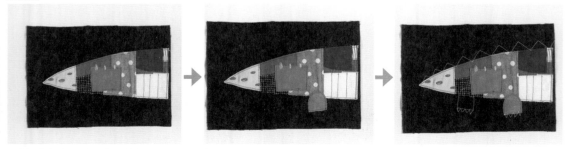

同样，把鳄鱼缝合固定在底布上。

把剪成鳄鱼脚形状的小布块从正面固定在底布上。

用缝纫针脚描画出鳄鱼背部图案、脚趾、另一只脚和脚趾。

❻ 添加里布

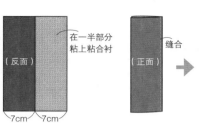

在一半部分
粘上粘合衬

（反面）

7cm　7cm

在口袋布反面的一半部分粘上粘合衬，对折后回到正面，在离边缘0.1～0.2cm的位置缝合。按此方法

（正面）

缝合

底布与里布正面相对对齐，将口袋布插进去，使口袋布上已缝合的一端在内侧。

底布（正面）　　插入口袋布

里布（反面）

返口5cm

反面

缝合

留出返口缝合一圈。留出1cm的缝份，然后把多余的布料剪掉，从返口返回到正面。熨烫平整后，将返口缲缝（参考P83）闭合。

头部侧完成（正面）

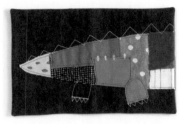

尾巴侧完成（正面）

（反面）

口袋　　　　口袋

书套的尺寸图

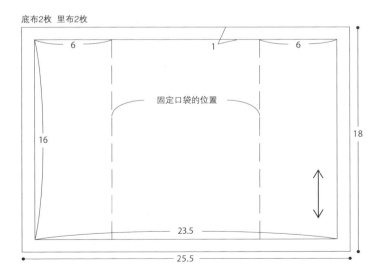

底布2枚　里布2枚

6　　　　　1　　　6

固定口袋的位置

16

18

23.5

25.5

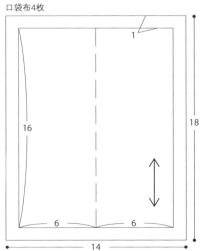

口袋布4枚

1

16

18

6　　　6

14

23

※鳄鱼的纸样分为头部侧和尾巴侧两部分，往布上临摹纸样时，请把2枚拼在一起使用。

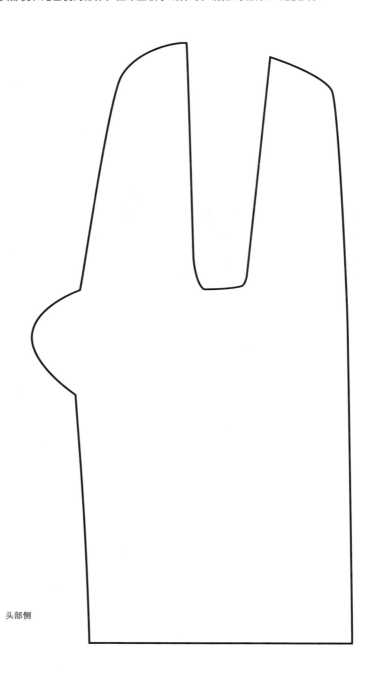

头部侧

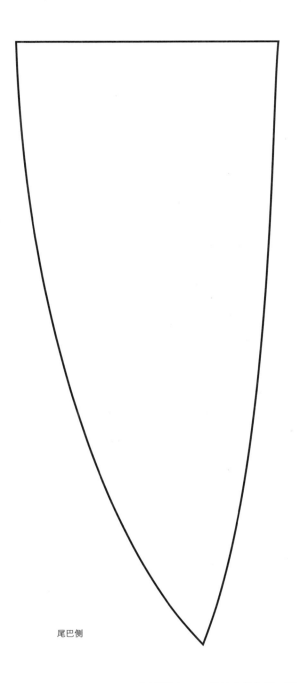

尾巴侧

将纸样以125%倍放大复印后，即可作为实物大小的纸样使用。

制作 时尚的包包

色彩

由多种布料拼接而成的包包，具有用单一种类的布料制作的包包所没有的色彩纵深感。
赶快行动起来，尝试制作这种既实用，又有手工作品独有的温暖感的时尚包包吧！

日式风格
圆形包

材料

表布A……棉（圆点和条纹样式的日式布）
　　　　　38cm×82cm
表布B……棉（几何花纹）50cm×50cm
里布……棉（红色）100cm×50cm
粘合衬……100cm×50cm

成品尺寸：
26cm×43cm 提手部分长约20cm
卷末附有实物大小纸样

后面

● 制作方法

表布A

袋布②

袋布①

袋布③

82

38

表布B

↕

袋布①

袋布②

袋布③

50

50

里布

↕

中心

50

100

· 在实物大小纸样上，用虚线表示沿中
  心线对折后的状态。

● 制作方法

❶ 制作表袋布

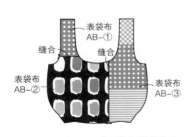

表袋布AB-①

缝合   缝合

表袋布
AB-②

表袋布
AB-③

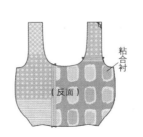

（反面）

粘合衬

分别把表袋布AB（①~③）拼接起来，
在内侧粘上粘合衬。

❷ 制作表袋

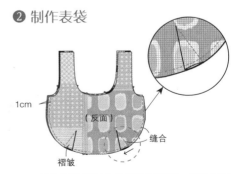

1cm

（反面）

缝合

褶皱

在2枚表袋布上分别缝出褶皱，把2枚表
袋布正面相对对齐并缝合一圈。把褶皱
的缝份窝向内侧。

❸ 制作内袋

1cm
（反面）
褶皱
褶皱
缝合
返口 10～15cm

与步骤❷相同，在2枚内袋布上分别缝出褶皱，正面相对对齐后缝合一周，只留出返口。褶皱的缝份窝向表袋的反方向。

❹ 缝合袋口

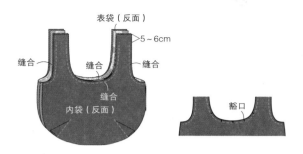

表袋（反面）
5～6cm
缝合
缝合
缝合
缝合
内袋（反面）
豁口

将表袋与内袋正面相对对齐，缝合袋口。这时如图所示，缝合时要在袋口上留出5～6cm。在弧线部分的缝份上剪出豁口。

❺ 闭合袋口

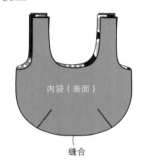

内袋（表面）
缝合

从返口返回正面后，缝合袋口，然后把返口缝住。

❻ 安装提手

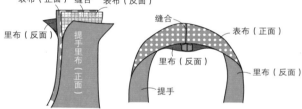

表布（正面）　缝合　表布（反面）
里布（反面）
提手里布（正面）
缝合
表布（正面）
里布（反面）
里布（反面）
提手

使提手的表布与表布，里布与里布分别正面相对对齐，在距缝份1cm处如左侧插图所示缝合起来。缝合提手的里布与里布时，注意不要与外表布缝在一起。

❼ 缝合提手

缲缝

在提手未缝合的部分进行缲缝（参考P83）。

前面的主图案是几何图形。

后面的主图案是日式花纹。

彩虹般绚丽的
层染包

材料

表布

袋布用配布⋯⋯⋯棉·棉麻·麻（24色）
　　　　　　　54cm × 5.5cm

提手⋯⋯棉（红与紫）60cm × 6cm 2枚

里布⋯⋯棉麻（原色）80cm × 86cm

粘合衬⋯⋯60cm × 12cm

成品尺寸：

42cm × 52cm　提手部分长约29cm

后面

● 制作方法

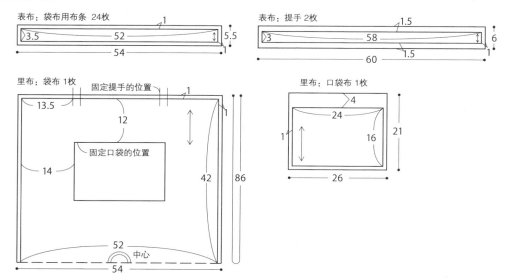

表布：袋布用布条 24枚
1
3.5　52　5.5
54　1

表布：提手 2枚
1.5
3　58　6
60　1.5　1

里布：袋布 1枚
固定提手的位置　1
13.5
12
固定口袋的位置
14
42　86
52　中心
54

里布：口袋布 1枚
4
24
1　16　21
26

● 裁剪图　（里布）

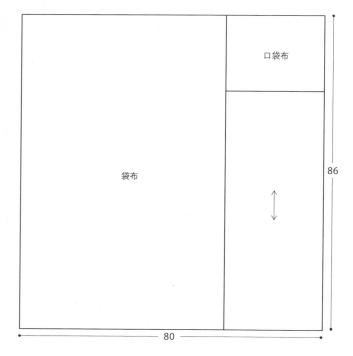

口袋布

袋布

86

80

● 制作方法

❶ 制作表袋布

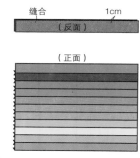

缝合　1cm
（反面）

（正面）

把布条分别两两正面相对对齐缝合，把24枚全部缝合起来，做成一整块表袋布。剪掉缝份，然后熨烫平整。

❷ 制作表袋

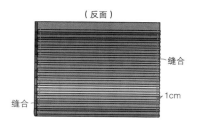

（反面）

缝合

缝合　1cm

缝合

把表袋布正面相对对折，然后缝合两侧。

❸ 缝拼条

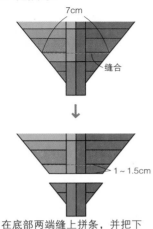

7cm

缝合

1 ~ 1.5cm

在底部两端缝上拼条，并把下面的角剪掉。

❹ 制作提手

0.1 ~ 0.3cm

压缝

在提手内侧粘上粘合衬，按图示的样子缝合对折，在一端压缝针脚。

❺ 暂时固定提手

13.5cm　暂时固定　0.5 ~ 0.7cm

（正面）

把提手暂时固定在袋布上。

❻ 制作内袋

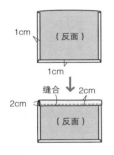

1cm

（反面）

1cm

缝合　2cm

2cm

（反面）

口袋
把口袋布的缝份折起1cm。
口袋口也折二次，然后缝合起来。

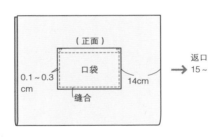

（正面）

0.1 ~ 0.3 cm

口袋

14cm

缝合

返口 15 ~ 20cm

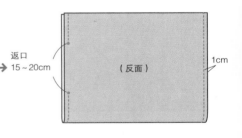

（反面）

1cm

在内袋布正面图示的位置上缝上口袋。

内袋布正面相对对折，留出返口后缝合两侧。用❼中的方法缝上拼条。

❼ 把表袋和内袋合在一起，缝合袋口

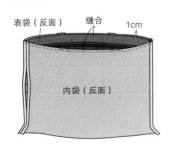

表袋（反面）　缝合　1cm

内袋（反面）

把表袋和内袋正面相对对齐后，缝合袋口（参考P32）。

❽ 缝合返口

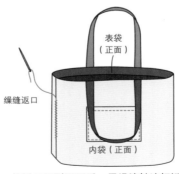

表袋（正面）

缲缝返口

内袋（正面）

从返口回到正面后，用缲缝针法把返口缝合起来（参考P83）。

❾ 袋口压缝

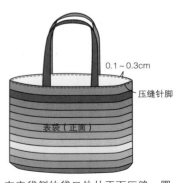

0.1 ~ 0.3cm

压缝针脚

表袋（正面）

在表袋侧的袋口处从正面压缝一圈，就完工了。

拼布包包的3个制作要点

1 布块与布块之间的配色要协调

选布陷入迷茫时，不妨先选出自己喜欢的几种布，并在此基础上进一步选择出搭配的颜色。实际拿在手上搭配是最好的办法。使用多种布块时，先以相邻布块颜色协调为基础把布块摆放好，最后再整体审视。配色方法有很多种，比如用花纹搭配层染，同花纹不同颜色搭配，亦或同色系素色与花纹搭配等，只要主题明确就可以。

2 选择素材从身边的小物开始

有时你会发现，将古典花纹的布块与几何图案搭配起来，"竟然不可思议地协调！"选择布块是一项有趣的、快乐的事情。只需稍稍改变角度，无论是成衣或杂货中被淘汰的东西，还是室内装饰材料等，说不定都能找到绝佳的材料呢。

3 先从少量布块和直线型物品开始

尚未熟悉拼布作业的人，可以先从少量布块和直线型物品开始尝试。要想做出完美的拼布作品，缝合时先用大头针仔细固定好，防止布块移动这一点也很重要。

包包制作基础①

先来学习一下包包上的各种名称吧。请参考P41的常用缝纫用语。

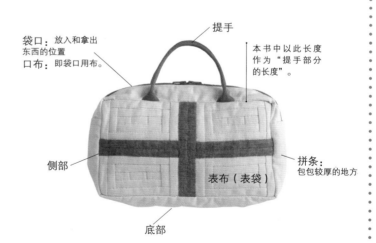

提手

袋口：放入和拿出东西的位置
口布：即袋口用布。

本书中以此长度作为"提手部分的长度"。

侧部

拼条：包包较厚的地方

表布（表袋）

底部

绗缝包包

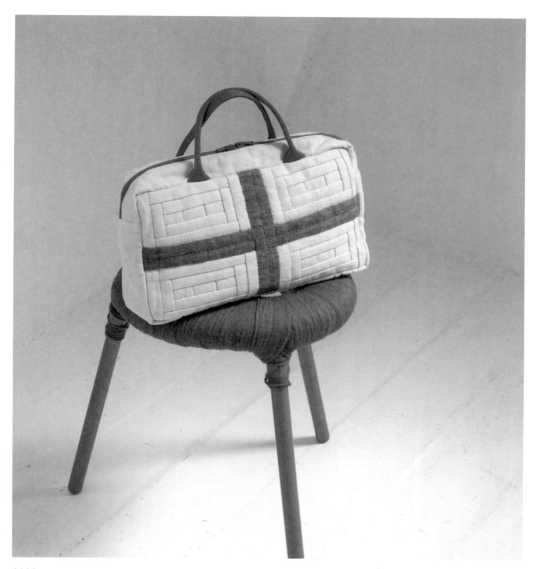

材料

表布1 … 棉麻（米白色）约100cm×45cm

表布2 … 棉麻（蓝灰色）约30cm×30cm

里布……棉（红色）66cm×41cm

垫布……棉 70cm×30cm

铺棉……70cm×45cm

拉链（双向）……38cm 1根 红色

提手滚边…… 尼龙滚边 3cm×31cm 2根

滚边……216cm

成品尺寸：

18cm×28cm 提手部分长约10cm

拼条宽 8cm

※绗缝包包表布的实物大小纸样在P37、P38。

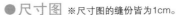
● 尺寸图 ※尺寸图的缝份皆为1cm。

拼条布·表布1·里布 各1块

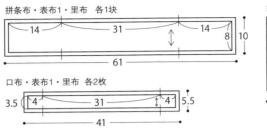

14　31　14　8　10　61

袋布·里布 2枚

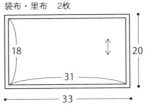

18　31　20　33

口布·表布1·里布 各2枚

3.5　4　31　4　5.5　41

● 裁剪图

表布1

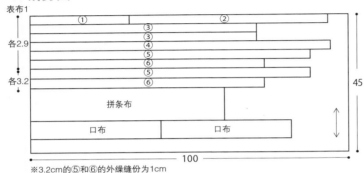

① ② ③ ④ ⑤ ⑥ ⑤ ⑥
各2.9　各3.2
拼条布
口布　口布
45　100

※3.2cm的⑤和⑥的外缘缝份为1cm

表布2

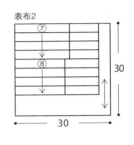

⑦ ⑧　30　30

里布

袋布　袋布
拼条布
口布
口布
41　66

垫布

70　30

● 制作方法

① 布块拼缝（纸样在P37和P38）

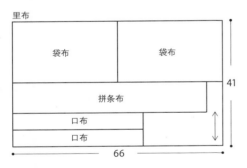

⑤
③
⑥ ④ ② ① ② ④ ⑥
③
⑤

表布的基本样式（按从①到⑥的顺序缝合）。制作4枚（一侧一份）相同的布块。缝份为0.7cm。

①（正面）
②（反面）　缝合

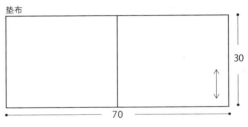

①（正面）②（正面）

图①的布和②的布正面相对对齐，留0.7cm的缝份进行缝合。

①（正面）
缝合　②（反面）　②（正面）

②（正面）①（正面）②（正面）

同样，把布①的另一侧与布②缝合，3枚连在一起。缝份窝向外侧。

缝合
③（反面）

把①和②拼成的布块与布块③按图示的样子，正面相对对齐后，留出0.7cm的缝份缝合，然后回到正面。

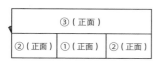

4枚拼接在一起后的状态。把缝份向上折。

同样，另1枚布块③也按图示的样子，正面相对对齐后缝合。把缝份向下折。

5枚缝在一起后的状态。按同样的步骤制作4枚这样的表布基本样式。

❷ 把1中制作好的4枚缝合在一起，做成表布

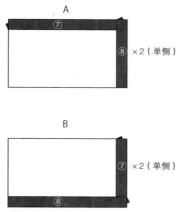

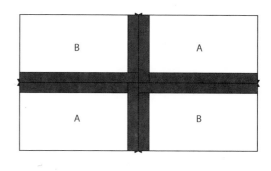

按图A和图B所示，把布块⑦和布块⑧（P37上纸样中☆布）分别拼接起来。

把4枚布缝合在一起，做成一整块表布。

❸ 做成三层

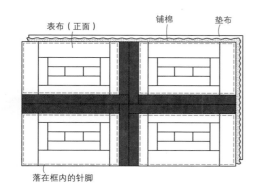

把表布、铺棉和垫布重叠起来后疏缝，A按P37上的图示，B按P38上的图示，进行压缝（参考P41）。

❹ 加上内袋布

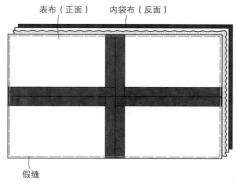

在❸的基础上再加一层内袋布，在布的周围假缝。再制作1枚相同的布。

❺ 制作提手，暂时固定

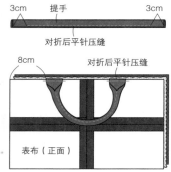

把提手布条对折后，平针压缝。
在离左右两端8cm的位置，用疏缝针法先把
提手暂时固定。另1枚也用同样的方法固定。

❼ 在6中制作好的口布上加拼条布

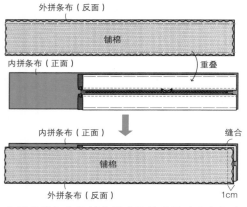

先把外拼条布和铺棉用疏缝针法暂时固定起来。
按照图示的样子，把6中的口布和外拼条布，内拼
条布重叠起来，在一端缝合在一起。

❽ 把内袋布和内拼条布缝合起来

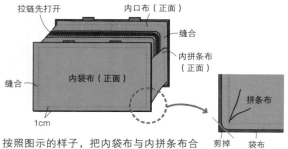

按照图示的样子，把内袋布与内拼条布合
在一起，在离边缘1cm位置处缝合。

❻ 在口布上安装拉链

（1）
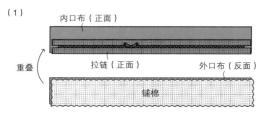

在外口布上叠上铺棉，内口布上叠上拉链，2枚正面
相对重叠在一起。

（2）

在离下面1cm的位置缝合。

（3）
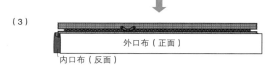

按照图示的样子折叠外口布和内口布，从拉链布条
的另一侧拉出。

（4）
内口布（反面）
外口布（正面） 压缝
1cm
外口布（正面）
疏缝

在另1枚外口布上也贴上铺棉，拉链布条的另一侧也
与（1）、（2）一样缝合。如图所示，在拉链的边
缘从正面压缝，两端先用疏缝线固定。

❾ 用滚边把缝份包起来

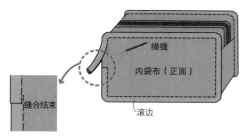

用滚边布把缝份包起来，用缲缝针法固定。从拉链
口回到正面，就完工了。

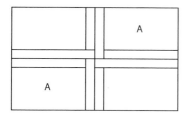

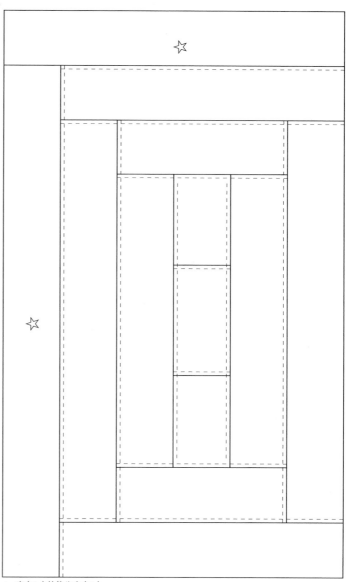

☆=表布2（其他为表布1）

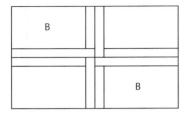

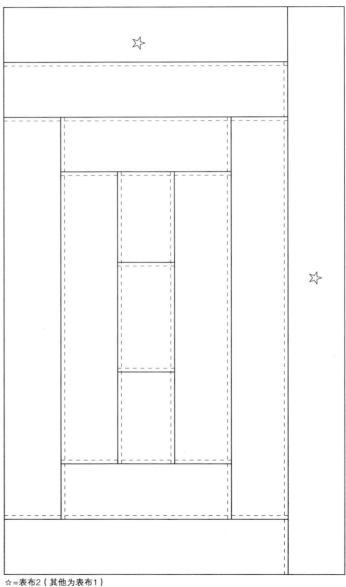

☆=表布2（其他为表布1）

Part 2
拼布绗缝的基础

拼布绗缝正式出场。

拼布绗缝中代表性技法平针绗缝，可以把三角形或四角形的布缝合起来做成花样，
并组合成作品。

有时也会用到缝纫机，在这里先介绍一下手缝的制作方法。

掌握了基本方法后，就能开始制作大幅作品了。

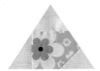 

拼布绗缝的基础用语

需要掌握的

拼布绗缝，是指在经过拼布作业的表布和里布中间夹一层棉，组成三层后再绣缝加工而成的东西。开始制作作品之前，先了解一下经常用到的术语吧！

布块

在拼布绗缝中，指三角形、四角形和长方形等一枚一枚的布块。

拼布

指把布块与布块缝合起来。也称拼缝。

区块

把数枚布块拼接在一起完成的一个花样，或由几个花样拼接而成的一小块布。

花样

由布块拼接而成的图案。各自有其设计或花片的名称。花样分为很多种。

四宫格

由四份布块组成的花样。P106的俄亥俄星就是四宫格的一个实例。

九宫格

由九份布块组成的花样。P61的九宫格是用正方形组成的一个花样。P108的夜明星也是九宫格的一个实例。

贴布

粘贴、镶嵌的意思，指把从别的布上剪下来的布块缝合在底布上的一种技法。

表布（正面的布）

指通过拼布或贴布等工艺做成的一整块的正面的布。又称为头层布或拼布头层布。

铺棉

指夹在表布与里布中间的棉。拼布绗缝中一般使用中等厚度的铺棉。

里布

指放在表布另一侧的一层布。也称为后衬。

边条

加在表布边缘的镶边称为边条。边条有时也采用绗缝或刺绣等技法。

绗缝

指把表布、铺棉和里布三层叠在一起进行绗缝。绗缝有时用手缝，有时用缝纫机，但手缝的作品具有独特的质感。

疏缝

指在拼布绗缝中，为防止表布、铺棉和里布这三层移动错位，在绗缝之前先暂时缝合固定。

平针缝

以表里相同的针脚做直线缝的缝法。是一种基本缝法。

绗缝线

指绗缝前在表布上画出的引导线。

轮廓绗缝

沿平针针脚,在其内侧0.4cm处绗缝。既强调了平针的轮廓,又有加固针脚的作用。

落针绗缝

在布块边缘不留缝份地绗缝。具有使平针针脚看上去立体的效果。

包边

用斜纹布对缝份加以整理的方法。普遍应用于拼布绗缝的收尾阶段,也称为滚边。

悠悠花

把剪成圆形的布块的边缘通过手缝收缩做成的东西。与平针绗缝和贴布截然不同的一种技法,既没有里布,也不做绗缝。用碎布块做成悠悠花,经缝合之后缀到床罩等物品上做小装饰。

夏威夷式拼布

用剪贴画在左右对称的底布上贴布的技法。布料大多使用两种颜色的无花纹布,即使使用多种颜色的布也大都是无花纹布。花片中多使用面包树、椰子叶和花等素材。

拼布和缝纫的常用语

标记

缝合2枚布块时,为使2枚布块对准而分别在上面作出标记。

垫布

绗缝时,在铺棉的内侧衬的一层布,也称为里布。

落针机缝

在缝份的根部用缝纫机缝一条针脚。既可使缝份平稳下来,又能起到增强作用。

返口

方便布块缝合之后返回到正面而事先留出来不缝的部分。返回到正面之后或用缝纫机或用手缝方法将其缝合。

回针缝

在相同位置反复缝2~3次。

倒向一侧

使缝合后2枚布块上的缝份同时倒向一边。

疏缝

在真缝(作品制作过程中的缝合)之前,为防止针脚或折痕错位,暂时先缝合固定。

实物大小纸样

与成品尺寸相同的纸样。

压缝

为使缝份平稳下来从正面缝一行针脚。有时也使用与布块不同颜色的线进行装饰性压缝。

反面相对对齐

使2枚布块反面相对对齐。

立针缝

在贴布等技法中,使针脚与折痕成直角的缝法。参考P151。

人字绣

缝纫线斜交叉的缝法。参考P143.

底布

贴布绣时作底的布,往上面缝合花样。

正面相对对齐

使2枚布块正面相对对齐。

缝份

缝合2枚布块时,针脚与布边之间的一段称为缝份。拼布绗缝中一般为0.7cm。

分开缝份

缝合后2枚布块上的缝份不倒向同一边,而将其分开。

星针脚缝

使针脚显得很小的缝纫技法。参考P142。

缲缝

包住布边使针脚隐藏起来的缝纫方法。参考P83.

41

拼布绗缝的工具

拼布绗缝的基本工具有针和线。只要具备了这两种工具，随时都可以开始工作。不过，使用一些专业工具，可以使整个作业更容易或进展更快。不妨一点点把这些方便的工具置办起来吧！

针　有很多种

针，有拼布用，绗缝用，疏缝用，贴布用等各种用途。

拼布针……比一般的缝衣针稍细。
绗缝针……用力缝时也不会打弯的，较短、较硬的针。
疏缝针……能顺利地穿过三层布的较长的针。
贴布针……细而锋利。既能顺利穿过布，又能使针眼不那么显眼。

实物大小比较

绗缝用 ————————————

拼布用 ————————

疏缝用 ——————

通过比较三种针的实物大小，可以发现疏缝用的针确实比较长。

拼布针

绗缝针

疏缝针

贴布针

针盒
拼布绗缝所需的各种针的组合套装。

绷针　比一般的短

拼布用的绷针，即使在一小块布上插上好多也不会妨碍正常作业，头较小，针较短。针端的圆头由是玻璃制成，能抵抗得住熨斗的热量，推荐使用。贴布用的绷针更短一些。

针囊

拼布用　　　　　　　贴布用

提前多准备几根穿好线了的针，用起来会很方便（参考P56）。图片中的针囊有两种颜色，可以把不同种类的针分开插放，方便使用。

线　有1种原色线即可

拼布线

拼布和绗缝通用的线。还可以用于贴布。柔软又富有韧性的100％聚酯纤维。初始阶段只要有1种适用于任何颜色的表布的原色线即可。

疏缝线

也可以用于西式裁剪的疏缝线。图片中这种绕线板式的长处在于，可以任意截取必要的长度。对于不同颜色的表布，粉色或蓝色等色调会比原色更容易辨认。

穿针器

可以简单地把线穿到缝针上的工具。把针和线固定在凹陷处，轻轻一按按钮，线就穿到针上了。

指套　绗缝时使用的

绗缝时使用的专用指套。戴上指套后，不仅能缝出细密的针脚，还可以提高速度。此外，还有防止针尖或针头刺伤手指、保护手指的作用。建议初学者，在捏针时左手（善用右手者）上戴金属制指套，右手上戴皮制或橡胶制等与手指协调性较好的指套。

金属指套

比较结实的金属材质。上表布满凹坑，用凹坑处顶住针向下按或往上拉针。

橡胶指套

橡胶材质指套。可以牢牢捏住难以从布上拔出来的针，将其拔出。左边的开有通气孔，不容易滑落。右边的有六角形突起，更容易捏住针。

皮革指套

皮革制的特点是较柔软，与手指的协调性较好。图片中这种用立体制法制成，指腹面全部用了双层革。贴布时也可以使用。

带金属指套

皮革制的指套上安装了金属。既方便按针，又与手指贴合较好。

戴在金属指套上的皮革指套

戴在金属指套上使用的皮革指套。可以防止缝针滑落，方便缝纫。贴布时也可以使用。

要想灵活自如地运用指套……

要想灵活自如地运用指套，要先从拼布的平针缝开始练习（参考P58）。平针缝时手指的动作，与绗缝时手指的动作基本相同。用戴在右手上的指套顶住针头，顺利缝下去是第一步。平针缝熟练之后，接着用左手的指套顶住针头，做直线绗缝练习。刚开始时不必在意针脚的大小和间隔，灵活运用指套才是重点。

纸样制作和裁剪布料时所用的工具

直尺（拼布用）

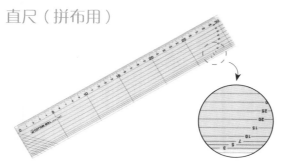

临摹图案或在缝份上画线时使用。拼布用的直尺上，在刻度的另一侧，画有缝份上经常用到的0.5cm、0.7cm宽的平行线。初始阶段先准备一把30cm长的直尺吧。

布用铅笔·布用自动铅笔

布用铅笔　　布用彩色铅笔　　布用自动铅笔

替换笔芯

往布料上画纸样的轮廓，或画绗缝指引线时使用。颜色较深的布用彩色铅笔比较方便。照片左侧为经水洗会褪色的铅笔和彩色铅笔。布用自动铅笔有白色和黄色的替换笔芯。

花样贴纸

画纸样和图案时用到的塑料薄纸。半透明，因此可用铅笔描画，且使描画图案更容易。可用剪刀或切削工具简单切割。

拼布板

 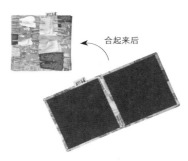

合起来后

往布上画标记时使用的板子。因内侧贴有砂纸，可以防止布块在画标记时滑落。右侧为可以合起来的便利型。平铺型尺寸25cm×30cm，折叠型尺寸14cm×14cm。

剪切板和旋转式切割刀

剪切板

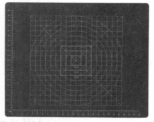

旋转式切割刀

裁剪布料用的切割刀和使用切割刀时垫在下面的板子的组合。根据板子上的刻度摆放布块，用直尺压住布块，然后用旋转式切割刀切割即可。

剪刀

布用剪刀

纸用剪刀

小剪刀

请准备裁剪专用的布用剪刀和制作纸样使用到的纸用剪刀。小剪刀是在进行剪掉线头等比较细致的作业时不可或缺的重要工具。

拼布绗缝时所用的工具

顶针

拼布作业中绗缝时使用。刚开始的时候可能用不习惯，但用习惯之后可以使作业更轻松。除了皮革制的，还有金属制的顶针，请自行选择戴上比较贴合、用起来较方便的种类。

镇纸（鱼形）

用于绗缝或贴布时压住布块。可使布块呈平整状态，方便缝纫作业顺利进行。

小锥子

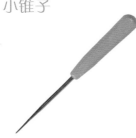

拆开缝错了的针脚或整理边角形状时使用。进行较细致的作业时，有了它会比较方便。临摹纸样时也可以使用。

绷子

在绗缝靠垫之类大尺寸作品时使用。利用绷子把布块固定起来，使需加工的位置位于绷子的中心，缝制的同时不断变换方向。请选择直径约35cm，可用于较厚绗缝布的，环较宽的类型。

汤匙

绗缝之前进行疏缝时，使用这种塑料汤匙。左手持汤匙，抬起针尖使针尖始终保持在汤匙前端。这种汤匙在两元店就能买到。

胶合板和图钉

疏缝时，把作品放在图片（上）的胶合板上，用图钉（下图·脚较长的图钉）固定。胶合板的尺寸为30cm×36.5cm。没有胶合板时，也可以用烫衣板的背面代替。

画粉笔

在布块上做标记时使用。左边的画粉笔，遇熨斗的热汽后即可消失，右边的画粉笔，不仅时间久了以后能自动消失，还能遇水即消。

熨斗

拼布时窝缝份或整理褶边时使用。由于多用于较细小的部位，基本都在干燥状态下使用。

拼布纫缝的基本步骤

把三角形、四角形、六角形等小块布组合起来做成1枚花样，再夹入铺棉做成一个作品的技法，称为"纫缝"。仅用1枚花样也可以做出既实用又漂亮的作品。

1 选布 ················· 确定作品，想象出整体造型的同时挑选布料 P47
2 制作纸样 ················· 制作平面纸样 P52
3 剪裁布料 ················· 结合平面纸样裁剪布料 P54
4 拼布 ················· 把布块拼接起来形成1枚完整的布（表布）P56
5 基市花样的拼布方法················· 拼接四角形、三角形、六角形 P61
6 疏缝 ················· 放上铺棉和里布后暂时固定 P74
7 纫缝 ················· 在叠放成三层的布上进行绣缝 P78
8 布边整理 ················· 用滚边布把布边全部包起来整理好 P81
↓
完成！

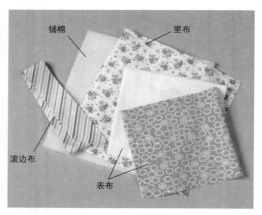

在Part2中，主要以九宫格花样为例制作作品。

成品尺寸　16cm × 16cm
缀上细绳做成防烫手套，或当作餐垫使用。

材料

表布（粉色·白色）……各适量
里布·铺棉……各18cm × 18cm
滚边布……3.5cm宽 × 75cm

选布

拼布绗缝中的布料选择是左右作品的重要因素。配色没有绝对的准则，请自由发挥你的想象力不断尝试吧！

选择不太厚，且针能够顺利穿插的布料

拼布绗缝中用的布，太薄或太厚都不便缝纫。推荐使用厚度适中的100%纯棉的绗缝布、麻纱布、方格平纹布等，针能够顺利穿插的易缝布料。此外，如使用带光泽的布料，请注意深加工以防止损坏作品形象。

●推荐用布

绗缝布

因这种布边长1英寸（2.54cm）的小格子里交叉了80支竖线和横线，又称为"80支"。色彩种类丰富，手感轻柔光滑。被称为最适合用于拼布的布料。

麻纱布

清爽的手感，富有光泽。虽然比较薄，但却能给人实实在在的安心感的布料。除了用于制作衬衫，还常用于制作手帕、桌布等小物，也较适合用于拼布。

方格平纹布

织成格子或条纹图案的薄棉织物。由粗细相同的白线和横竖根数相同的彩色线织成。手感轻柔，适合用来制作衬衫和外套，也常用于拼布。

●不太理想的布

聚酯纤维和羊毛不适合用于拼布。此外，虽然同样是棉织物，平纹布和密织平纹布因布纹较密，不便于针的穿插，刺绣也难以进行。具有光泽的缎纹布，薄细布也不适合使用。

密织平纹布

横线的支数比竖线多，表面有细密的横向网眼。这种布的特点是布纹较密且有张力，稍带光泽。但是，由于不便于针的穿插，极少用于拼布。

缎纹布

平滑且有光泽，触感光滑。经常用于制作蝴蝶结，但与拼布朴素的素材不搭配。想为布块或贴布增添一些光泽时也可以使用。

铺棉的种类

拼布绗缝指在表布和里布中间夹一层铺棉后三层一起绣缝。铺棉因厚度、颜色、材质等分为好多种，根据作品需要，有时会用到单面（或双面）涂有黏合剂的粘合衬，或在铺棉的一面贴有网眼的网眼棉等。

树脂棉

100%聚酯纤维，有厚薄之分。较厚的树脂棉适合制作立体式作品，在拼布绗缝中很常用。较薄的树脂棉适合用于细小的绗缝。颜色一般为白色，也有黑色和褐色等其他颜色的。当表布颜色较深时，可以选用带颜色的树脂棉。

粘合衬

单面（或双面）涂有黏合剂。用熨斗加热，可以把粘合衬粘在布上。若使用双面粘合衬，就不需要疏缝了，但由于布会因此变硬，不适合用于追求手缝风格的情况。在缝纫机绗缝中，粘合衬比较常用。

网眼棉

铺棉的一面贴有网眼，伸缩性差，网眼较密且有张力。基于这种特征，常用于制作包包提手。近年来，单面像不粘布那样的比较结实的类型，也称为网眼棉。

适合做里布的布

里布与表布同样，适合用既不太厚，也不太薄的布料。此外，初学者最好不要选择容易暴露不整齐的针脚的素色布，也不要选择容易暴露出歪斜的图案的方格花纹和布边。深色布会影响表布的颜色，这一点也请注意。

带低调花纹的印花布，以及加了漂亮图案的白底花布都既适合用于表布，又适合用于里布。

Step 1 确定颜色

依据颜色效果选布

大多数销售拼布用布的店铺，都把不同颜色的布块分类摆放。选择布块时，不妨先从颜色开始考虑。选择暖色系，打造出的将是明亮华丽的形象。冷色系则给人以沉稳安静的印象。并且，同色系印象平和，反色系则带来强烈的冲突效果。

黄

黄绿　　　　　　　　　橘黄

绿色　　　　　　　　　　橘红

　　　　　暖色系

蓝绿　　　　　　　　　红色

铜绿　　冷色系　　　红紫

蓝色　　　　　　　紫色

蓝紫

12色相环

以环状将红、蓝、黄和它们的混合色表示出来的图案，就是12色相环。看色相环时，离得近的是同色系，反色系则指在它的对侧或与对侧颜色较近的某种颜色。

明快的大花朵图案

橘色展示明朗印象

粉底花鸟图案尽显华丽

玫瑰插画十分可爱

淡雅，安静的印象

同色系图案更为协调

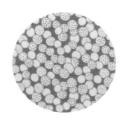
独特的图案，温暖的氛围

浅蓝绿色底配白色心形图案，惹人怜爱

Step **2** 确定图案

●确定图案的大小和疏密程度

布块的图案和图案大小，是直接影响作品形象的重要因素。例如，同样是圆点花纹，大圆点、中圆点和小圆点给人的印象却并不相同。此外，即便图案大小基本相同，也有图案较密因此几乎看不到布块底色的布，和图案较疏因此布的底色仍然十分明显的布。

大圆点　　　　　　中圆点　　　　　　小圆点

大图案

既可以用来制作大尺寸作品，也可以截取一部分用于小尺寸作品。

中图案

与大图案和小图案均可搭配。

小图案

很容易与其他图案搭配，也易于整理。

竖条纹

使用时可以随意调整方向，容易出效果。

圆点花纹

有大大小小很多种，还有图片中这样圆点花纹分布非常紧密的类型。

星星图案

印象活泼。适合用来给孩子做东西。

场景图案

以汽车和树木等为装饰的场景布。可以截取一部分使用。

几何图案

别具一格又有些不可思议的格调。

英文字母

给人以时尚而又有格调的印象。

染色线方格

用已染色线织出花样的布。具有独特的质感。

斑纹染

染色后布上留有斑纹的布。较之素色布，给人以更强烈的印象。

Step 3 确定配色

●搭配主色调布

确定了想要使用的布料后，再找与该布料较搭配的布。
配色是一项既有难度，又不乏乐趣的作业。通过布块
的搭配组合，营造出与单块布截然不同的印象，快把
布块实际排列起来试试看吧！

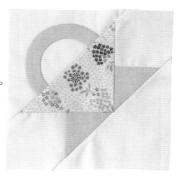

配色示例

以同色系的素色布为主色调
布的花篮花样（P118）。

●以Step2中的布为主色调布，试着进行配色……

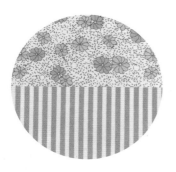

同色系

同为蓝色系的布块搭配出沉稳的
形象。

小图案和小图案

同为小图案的两块布搭配出小巧
玲珑又朴素的形象。

反色系

蓝色与黄色搭配起来明快而又有
强烈的冲突感。

圆点花纹与花纹

小小的圆点花纹与白底花纹搭配
起来非常协调。

素色与英文字母图案

图案的一部分颜色与素色布颜色
相呼应，富有艺术感。

图案的密与疏

同色系的小花（密）和中等图案
的花朵（疏）的组合。

2 制作纸样

拼布绗缝中的花样，由若干小布块拼接而成。下面就从九宫格（P61）为例，介绍四种花样的纸样制作方法。

1 用小锥子在厚纸上打上标记

用小锥子在厚纸上画出标记，然后剪成纸样的形状。这种方法适用于直线型纸样的制作。

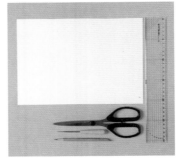

1 准备厚纸、小锥子、铅笔、直尺和剪纸用剪刀。

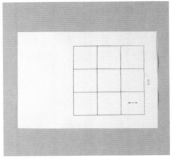

2 准备好九宫格（参考P61）的实物大小纸样的复印件。

3 把复印好的实物大小纸样放在厚纸上，用小锥子在上面刺出四个角的位置。

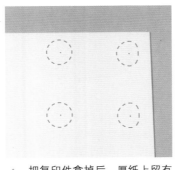

4 把复印件拿掉后，厚纸上留有用小锥子刺出来的标记。

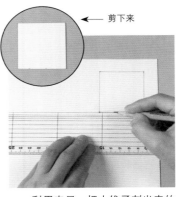

← 剪下来

5 利用直尺，把小锥子刺出来的标记连接起来，然后用剪刀剪下来。一个正方形拼布块的纸样就做好了。

2 贴在厚纸上，然后剪下来

用胶水把实物大小纸样的复印件贴在厚纸上，然后剪下来即可。

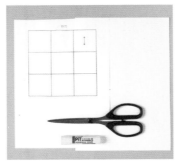

1 准备厚纸、胶水、剪纸用剪刀和实物大小纸样的复印件。

2 将实物大小纸样剪下来，贴在厚纸上，用胶水粘牢。沿纸样的边缘线修剪厚纸。

∃ 利用花样贴纸

利用市售的花样贴纸（参考P44）。贴纸半透明，因此很容易临摹图案。

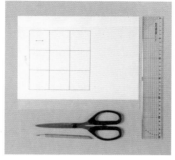

1 准备厚纸、花样贴纸（使用时粗糙面在上）、铅笔、直尺、剪纸用剪刀、实物大小纸样的复印件。

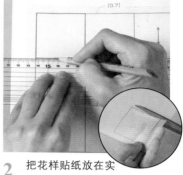

2 把花样贴纸放在实物大小纸样上，利用直尺的帮助，用铅笔描出形状，然后沿纸样的边缘线剪开。

4 利用方格纸

在方格纸上画图的方法。因纸上标有刻度，操作起来很容易。

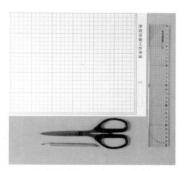

1 准备方格纸、直尺、铅笔和剪纸用剪刀。

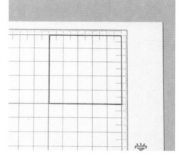

2 用直尺和铅笔在方格纸上按照实际尺寸画线，然后沿着画线剪开即可。

记录花样名、布纹线等

在制作好的纸样上记录花样名、布纹线（参考P54）等信息会非常有用。在初始阶段不妨把必要的块数也记录上去。

利用市售纸样制作的"六棱体"

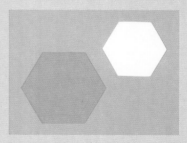

用六角形布块拼接而成的"六棱体"，除了可以用缲缝拼接方法制作以外，还有一种以纸样为布块纸芯的纸衬垫方法（参考P72）。用这种方法制作时，需要用到很多纸样，所以用市售的纸样会非常方便（图片：绿色是裁剪布料时用到的带缝份的纸样，白色为包小布块时使用的纸样）。

裁剪布块

纸样制作好之后，就要在布块上打好标记剪裁了。需要用到很多相同的布块时，把这些布块一起剪出来效率更高。

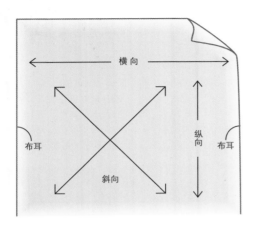

●关于布块的名称

· 布的纵线方向称为纵向，布的横线方向称为横向。纵向有伸展性差的特质，横向的伸展性比纵向稍好。
· 斜向指布块的斜向部分，伸展性最强。
· 布耳是布块两端较坚固的部分，在拼布绗缝中极少被用到。
· 布的纵线和横线形成的织眼称为布纹。
· 实物大小纸样上的箭头，被称为"布纹线"，表示纵向的方向。

●关于布纹的方向

在拼布绗缝中，因担心长布块或大布块伸展性不够好，应尽量结合纵向使用。不过，如果是小布块，则无论用横向还是纵向都没问题。花样外侧如果全是纵向（或横向），会大大降低布块的伸展性。不过，如果是竖条纹和方格等布料，有时会优先考虑图案的协调性，而忽略掉布纹的方向搭配。

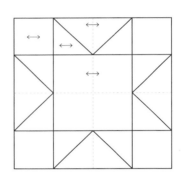

夜明星花样（P108）的布纹方向示例

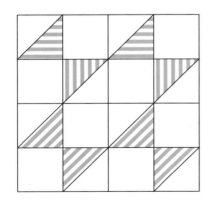

沙漏（P65）花样中，调整了条纹布块的布纹方向的实例。

菱形布块示例。改变布纹方向后，左右两边的效果截然不同。

●剪裁布块的基本方法

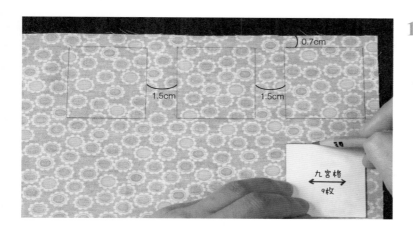

1 拼布绗缝的缝份，一般为0.7cm。把布块反面向上放在拼布板（参考P44）上，在距离布边0.7cm处放上纸样。用铅笔沿纸样描出边缘线，布块与布块之间留出1.5cm的间隔。

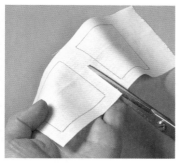

2 用剪刀在布块与布块的正中间位置剪开。

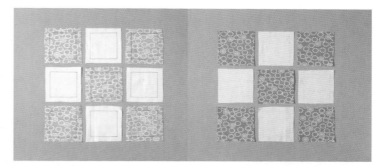

3 九宫格的5枚主角布块（粉色）和4枚底布（白色）剪好之后的状态。从正面观察，检查配色的协调性。

●连续剪相同的布块时，在布上打好标记剪裁

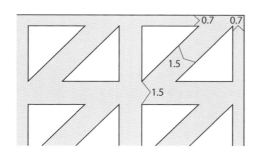

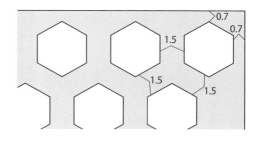

使用三角形和六角形布块时，连续把布块剪出来的效率更高。

拼布 拼布的基本缝纫方法为平针缝。为防止布块错位，先用绷针将布块牢牢固定起来，缝的时候使用顶针会更轻松。

Step 1 缝纫开始（打结）和缝纫结束（打结收针）

● 缝纫开始（打结）

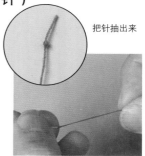
把针抽出来

 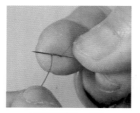 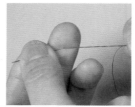

1 把线放在食指指腹上，用针将线压住。

2 线绕针缠2～3圈。

3 把卷起来的部分拉下来。

4 按住卷起来的线，然后把针抽出来，打结完成。

● 缝纫结束（打结收针）

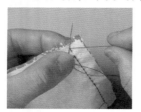 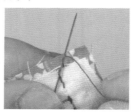  

1 把针放在缝纫结束的布块上，用拇指和食指按住。

2 在针上缠2～3圈线。

3 用拇指和食指按住卷起来的线，并把针抽出来。

4 在打结处留2～3mm的线头，剪断线头。

线和顶针的准备

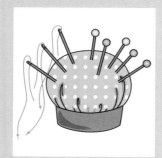

拼布开始之前，事先准备3～4根已穿好线、打好结的针，用起来方便。线的长度以40～50cm为宜。此外，把绷针和缝针分开插，能使整个作业进展得更顺利。

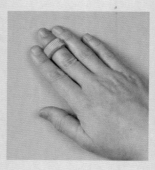

顶针戴在常用手的中指第一关节和第二关节中间。刚开始时可能无法顺利缝下去，用习惯之后不仅作业会轻松许多，缝出的针脚也会越来越完美。

Step 2 　用绷针固定

● 绷针顺序

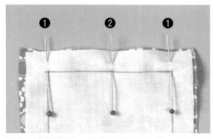 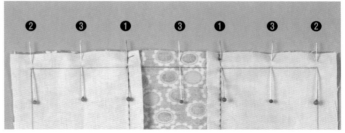

只有1枚布块时，按成品线的2个角→正中间　　有若干枚布块时，按拼接线→两边的角→正中间位置的顺序固定绷针。
位置的顺序固定绷针。

Step 3 　两种拼布方法

● 完全拼缝和不完全拼缝

完全拼缝（端到端拼缝）　　　　不完全拼缝（标记到标记拼缝）

拼布方法，有从一个缝份处下针，一直缝到另一个缝份处的"完全拼缝"（端到端拼缝），和从一个标记缝到另一个标记的"不完全拼缝"两种（两种缝法各见P58、P59）。根据花样的需要，选择合适的拼缝方法。

● 用正方形布块制作的花样用"完全拼缝"，其他嵌入式花样用"不完全拼缝"

拼布绗缝的花样中，除了像九宫格那样由正方形布块拼接成的花样以外，还有先做好中间的布块，然后再嵌入外侧的布块的类型。例如六边形（参考P69），就是在正中心的六角形布块周围，嵌入同样大小的六角形布块拼接而成。柠檬星（参考P122），也是先做好中间的星形布块，后嵌入外侧布块拼接而成的。通常，嵌入式花样用不完全拼缝法，其他的花样都用完全拼缝法。

嵌入布块的花样示例

 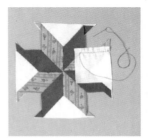

六边形是在正中心的布块上，嵌入了6枚布块拼接而成。　　柠檬星是在星星的外侧嵌入布块制作而成。

●平针缝的完全拼缝（端到端拼缝）

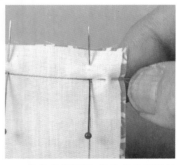

1 从离角部标记2针处的外侧插针。

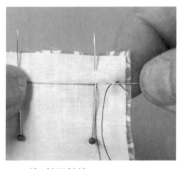

2 缝1针回针缝。

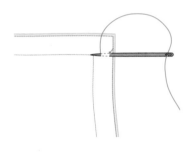

1针回针缝之后拔出针的状态。

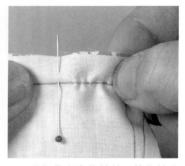

3 用拇指和食指持针，按住针头的同时，前后移动针尖。

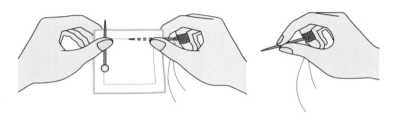

用顶针的侧面按住针头，同时移动针尖继续往前缝。另一只手配合着前后移动布块。

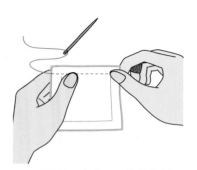

4 缝到离角部标记2针处外侧后，用指腹按住针脚拉平。这个动作称为"捋"。

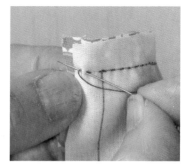

5 再缝1针回针缝，然后打结收针，剪断线头。

● 平针缝的不完全拼缝（标记到标记拼缝）

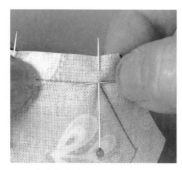

1 在角部的标记上插入绷针。

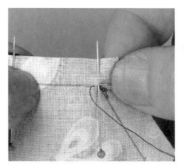

2 缝1针回针缝
（参考P58插图2）。

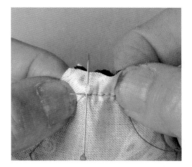

3 继续平针缝（参考P58插图3）。

4 在角部的标记处拔出针，并缝
1针回针缝。

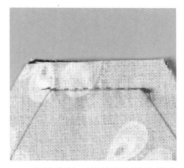

5 打结收针，剪断线头后的状态。

要 点

平针缝时要注意保持针脚匀称

平针缝应保持0.2cm的间隔。如果针脚太大，表面的针迹会暴露出来，初学阶段最稳妥的方法是尽量用小针脚。即使针脚稍大，首先要意识到使针脚保持匀称，缝的时候注意把线收紧。

缝份的窝法

通常的做法是，把2枚布块的缝份窝向同一侧。朝深色布块的方向，或颜色比重较大的方向。根据不同花样的需要，也有窝向使其尽量显眼的一侧，和把缝份全部窝向同一方向，使布块厚度均匀的做法。此外，制作平面花样时，有时会把缝份直接剪掉。

以绕线板为原型的线轴（参考P104）花样。绕线板因中心部分鼓起，把所有的缝份都窝向正中心位置，可以使中心的布块更醒目。

●转弯处的缝法

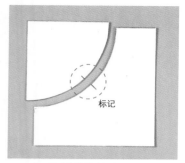

1 在2枚纸样的转弯处打上标记（使2布块完全匹配的标记），剪下纸样。

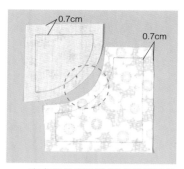

2 在布块的背面临摹出纸样形状，留出0.7cm的缝份后裁剪布块。这时千万不要忘记在布块上打好标记。

（反面）

3 首先，缝到标记位置。2枚布块正面相对对齐，标记处用绷针固定。

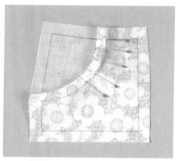

4 角部也用绷针固定，角部和标记中间都用绷针密密地固定起来。

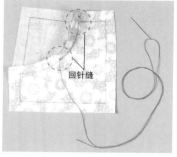

回针缝

5 在缝纫开始位置缝1针回针缝，从一端缝到标记处后，再缝1针回针缝。

要点

把2枚布块的标记匹配起来后再插针

缝到转弯处的中间后，先把2枚布块的标记匹配起来，再稳稳地把针插下去。在这里缝1针回针缝，然后把布块牢牢固定起来防止错位，接着再缝剩下的一半即可。

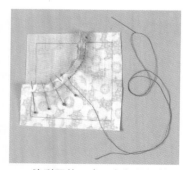

6 缝剩下的一半。角部用绷针固定，角部和标记之间也用绷针密密地固定起来。

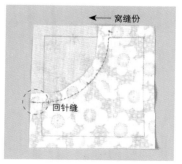

窝缝份

回针缝

7 缝到另一端后，缝1针回针缝。把缝份窝向箭头指示方向。

（正面）

5 基本花样的拼布方法

从现在开始学习四角形"九宫格"，三角形"沙漏"和六角形"六边形"的拼接方法吧。

■ 拼接四角形（九宫格）

四角形是常用于拼布绗缝中的花样。
九宫格是由9枚正方形布块组成的简单花样。
通过调整配色，可使整体形象焕然一新，富有变化。

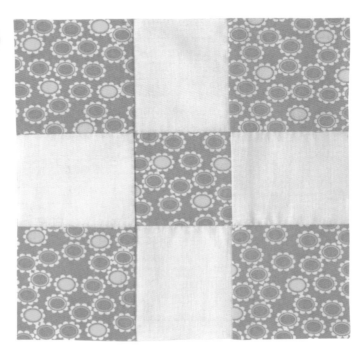

正面

反面

制图

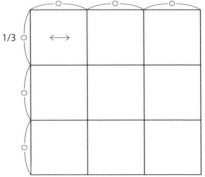

1/3

● 拼接的顺序

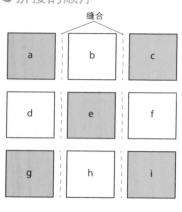

缝合

① 把第1行的3枚布块拼接起来，缝份窝向粉色布（配色布）方向。接着用同样的方法把第2行和第3行的3枚布块分别拼接起来。

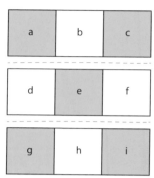

② 把第1行，第2行和第3行拼接起来，缝份分别窝向外侧。

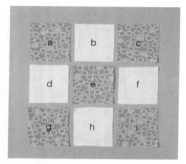

1 把5枚正方形粉色布块（配色布）和4枚白色布块（底色布）分别剪好。

b（反面）

2 先把第1行的a和b拼接起来。2块布正面相对对齐，按照从标记两侧的角到正中间的顺序用绷针固定起来。

3 为使针脚明显（此时是白色布块），从布头（缝份）的上面插入缝针。

回针缝

4 用完全拼缝（P58）的要领，拼接时在最初和最后一针上缝回针缝。接下来还是用完全拼缝的要领拼接其他布块。

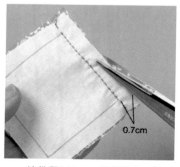

0.7cm

5 缝份留0.7cm，修剪整齐。接下来，每完成一次拼接，都同样把缝份修剪整齐。

6 把缝份窝向粉色布块方向，用手指轻轻捋一下。接下来，每完成一次拼缝，都要把针脚捋平。

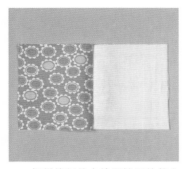

7 把拼接好的布块平摊开的状态（正面）。

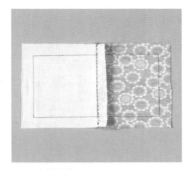

8 （反面）

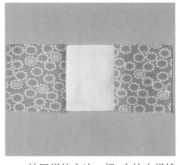

9 按同样的方法，把c布块也拼接起来，第1行就完成了。

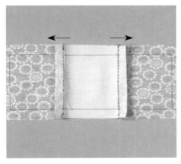

10 缝份窝向粉色布块方向（反面）。

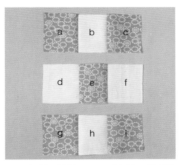

11 把第2行的d、e、f布块，和第3行的g、h、i布块分别拼接起来。

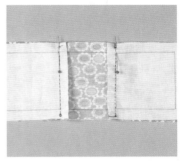

12 把第1行和第2行正面相对对齐，在布块的缝合针脚处用绷针固定。

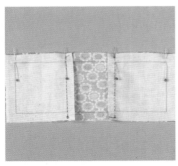

13 接着在两侧标记的角部用绷针固定起来。

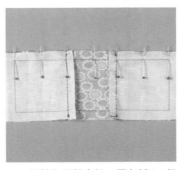

14 绷针和绷针中间，再各插入1根绷针。

15 用与4相同的要领拼缝，同时把缝份也一起缝起来。

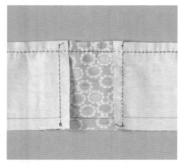

16 第1行和第2行拼缝完成后的状态。

17 第1行和第2行拼缝完成后平摊开来的状态（正面）。

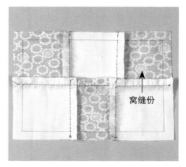

窝缝份

18 把缝份窝向粉色布块较多的第1行方向（反面）。

19 同样，把第2行和第3行正面相对对齐，然后用绷针固定，再缝合。

20 完工（正面）。用熨斗从反面熨烫平整。

窝缝份

21 把缝份窝向粉色布块较多的第3行方向（反面）。

配色的变化 ||||||||||||||||||||||||||||||||||||||||||||||||||||||||||||||||

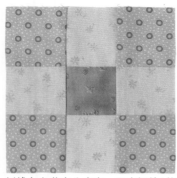

以浅灰色花布为底布，正中间放1枚深色花布，四个角用了圆点花纹的印花布。

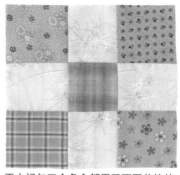

正中间与四个角全都用了不同花纹的布块，打造出热闹非凡的印象。

与P61的配色深浅搭配正好相反。调整了猫咪印花布的位置，营造出独特的氛围。

■ 拼接三角形（沙漏）

利用正三角形或等边三角形制作花样。
首先，我们来试着做一个呈沙漏形状的花样吧！
这里把4个沙漏以相同的朝向组合起来，体验各种花纹变化带来的乐趣。

正面

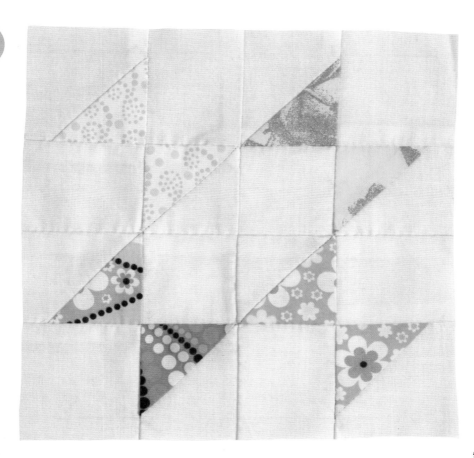

反面

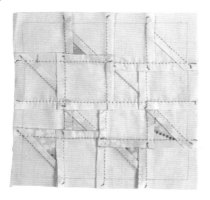

制图

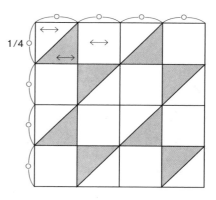

●拼接的顺序

① 先把三角形蓝色布块
和白色布块拼缝起来，
把缝份窝向蓝色布块
（配色布）的方向。

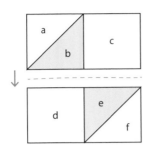

② 在①的基础上，拼缝上1枚正方
形布块。用同样的方法制作下
一组，按图示的样子缝合，缝
份窝向箭头指示方向。

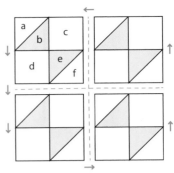

③ 接着制作3组②中做好的部分，把上一行和下
一行的左右侧先拼接起来。最后再把上一行和
下一行拼接起来，把缝份窝向箭头方向。

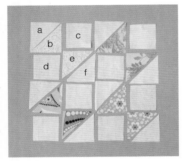

1 把8枚蓝色三角形布块（同样花
纹的布块各2枚，共4组）、8枚
白色三角形布块（底布）和8枚
白色正方形布块剪出来。

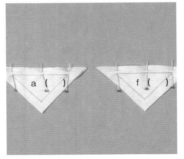

2 分别把第1行的a和b，e和f拼接
起来。布块正面相对对齐后，
按照从标记两边的角到正中间
的顺序用绷针固定。

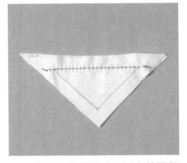

3 按照完全拼缝（P58）的要领，
拼缝时在最初和最后一针处缝
回针缝。接下来，同样用完全
拼缝的要领拼缝剩余的布块。

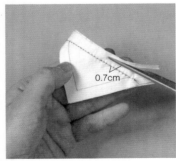

4 留0.7cm的缝份，修剪整齐。接
下来，每完成一次拼缝，都要用
同样的方法修剪缝份。

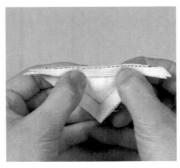

5 把缝份窝向蓝色花纹方向，用手
指轻轻捋一下。接下来，每完成
一次拼缝，都要轻轻捋一下。

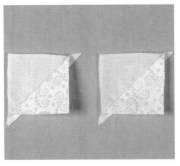

6 拼接好的布块平摊开来的状态
（正面）。

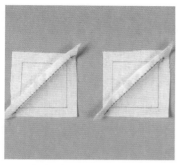

7 （反面）

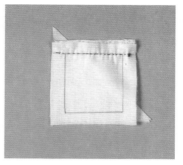

8 把7中完成的部分和白色正方形布块（c和d）分别正面相对对齐后缝合起来。

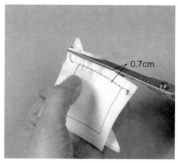

0.7cm

9 把多余的布边剪掉，每个缝份都留够0.7cm后修剪整齐。

10 a和b、c，e和f、d各自拼接好之后的状态（正面）。

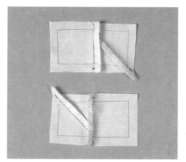

11 把缝份窝向蓝色布块方向。

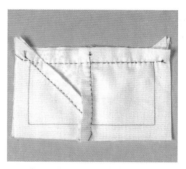

12 把左边的上下两行拼接起来。同时把缝份一起缝上。

13 6枚布块拼接完成，拼成沙漏形状后的状态（正面）

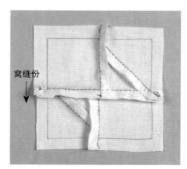

窝缝份

14 把缝份窝向一侧（反面）。

15 按同样的方法，把各个布块拼接起来，4个组块完成后的状态（正面）。

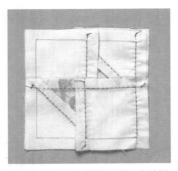

16 把最上面一行的左块和右块拼缝起来。

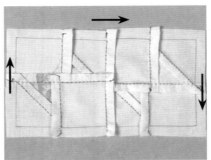

17 最上面一行左右的布块平摊后的状态。缝份按照箭头指示方向，窝向反方向（反面）。

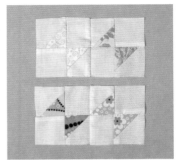

18 按同样的方法，把下面一行的左右块也拼缝起来（正面）。

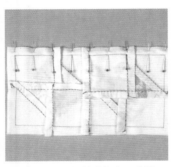

19 把上下两行拼缝起来。布块正面相对对齐，参考P57的顺序用绷针固定好。

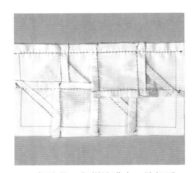

20 把缝份一起拼缝进去，缝好后的状态。

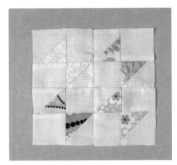

21 完工（正面）。从反面用熨斗熨烫平整。

配色的变化 ||||||||||||||||||||||||||||||||||||||||||||||||||||||||||||||||||||||||||||||||

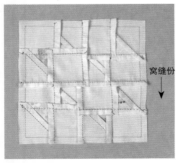

窝缝份

22 把缝份窝向一侧（反面）。

沙漏用一种颜色，底布用另一种颜色做成的双色作品。鲜明地强调出四个沙漏的造型。

■ 拼接六角形（六边形）

要点在于把六角形的角与角准确对齐后再拼缝。
六边形是6枚布块像花朵一样簇拥着正中间的六角形的花样。
因为是在中心布块的基础上把6枚布块嵌入，所以要用到"不完全拼缝"（P59）的技法。

正面

反面

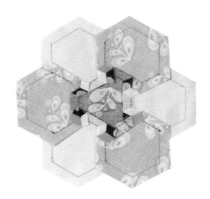

制图

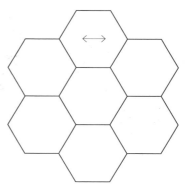

●拼接的顺序

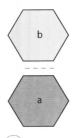

① 先把褐色六角形布块a和天蓝色布块b拼缝起来。

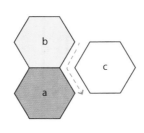

② 在①中制作好的部分上，拼接上白色布块c，与①的两条边拼缝。

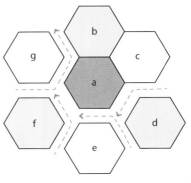

③ 按同样的方法，在两条边上拼缝，相继把d、e、f拼接上。最后拼接上g，在三条边上拼缝。

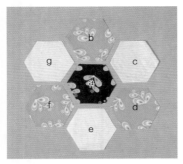

1 先把1枚褐色六角形布块，以及天蓝色和白色布块各3枚剪出来。

2 把花样正中间的褐色布块a和天蓝色布块b拼接起来。两枚布块正面相对对齐，把标记两边的角部对齐后用绷针固定起来。

3 在角部的标记处插针，按不完全拼缝（P59）的要领拼缝，拼缝时在最初和最后一针上缝回针缝。接下来，继续用不完全拼缝的要领拼接其余的布块。

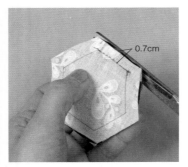

4 缝份留出0.7cm后修剪整齐。接下来，每完成一次拼缝，都要按同样的方法修剪缝份。

5 把布块b和布块c拼接起来。布块正面相对对齐，把标记两边的角部对齐后用绷针固定起来。

6 按与步骤3同样的方法拼接，缝到角部后做1针回针缝，把针暂时留在那里。

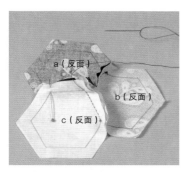

7 把a和c拼缝起来。布块正面相对对齐，在角部用绷针固定。

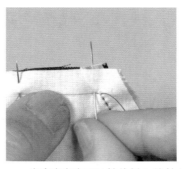

8 在离角部标记1针处插入缝针，缝1针回针缝。这时请注意不要把布块b的缝份缝进去。

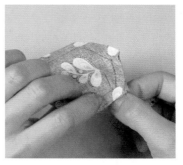

9 观察a侧，确认一下b的缝份是否被缝进去。

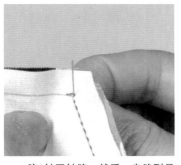

10 缝1针回针缝，然后一直缝到另一个角的位置。

11 布块c的2条边分别与a和b拼接在一起后的状态。

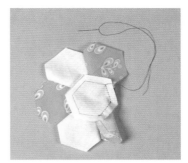

12 按同样的方法，把d到f的布块拼缝上去。布块g先与f和a的2条边拼接在一起，最后再与b拼接起来。

配色的变化 ||||||||||||||||||||||||||||||||||||||||||||||||||||||||||||||||

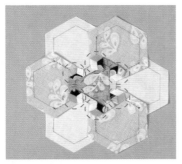

13 所有布块都拼接上去之后，把缝份窝成风车形状，然后用熨斗熨烫平整。完工（反面）。

14 完工（正面）。

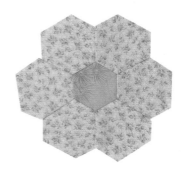

用6枚花瓣（配色布）把花芯（底布）围起来的花朵花样。两种颜色的色调相近，使作品显得高贵典雅。

用卷针缝法拼接

六边形的拼接方法中还有一种叫做纸样式技法。特点在于省去了修剪缝份等麻烦，且角部可以做得非常立体。

什么是纸样式技法？

以纸样为芯，用布块把芯包起来，先用疏缝固定然后用卷针缝法拼接起来的方法。纸样在市面上可以买到（参考P53），也可以自己用厚纸或旧贺卡等制作。

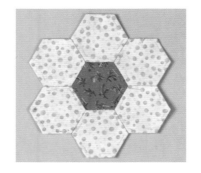

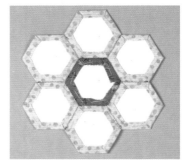

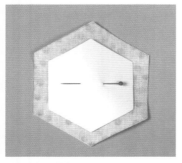

1 把纸样放在布块反面的中心位置，用绷针固定起来。

2 首先，进行疏缝固定。把缝份窝向反面，从正面在边的中间位置处插针。

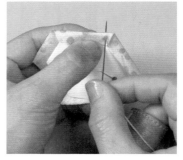

3 把角部折叠好使作品有棱有角，然后在角部从反面插入缝针。

4 六个角全部折叠并疏缝固定之后的状态。按同样的方法，在所有布块上都先疏缝固定。

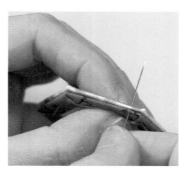

5 卷针缝。把2枚布块正面相对对齐，在离角部2～3针的位置插入缝针。

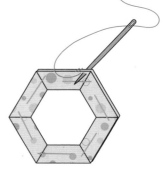

6 将缝针插入布块的折痕边缘，做卷针缝，缝到角部后再返回。

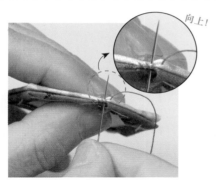

7 缝到角部之后的状态。

8 把步骤6~7中缝过的地方再缝一遍，一直卷针缝到另一侧的角部。

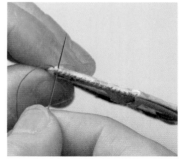

9 卷针缝到角部后的状态。

10 卷针缝到角部之后，再回针缝2~3针，然后打结收针。

11 两枚布块拼接好后的状态（反面）。

12 （正面）

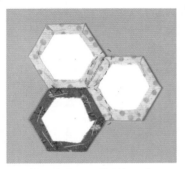

13 按照步骤5~10的要领，从下一枚布块起，每次在两条边上用卷针缝法拼接。

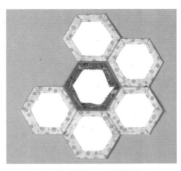

14 6枚布块拼接好之后的状态。

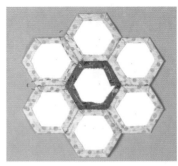

15 在最后一枚布块的三条边上卷针缝之后，就完工了（反面）。

6 疏缝 表布制作完成后，先画出绗缝引导线并疏缝固定。两项均是有利于做出完美的绗缝的重要作业。

●绗缝的作用

绗缝，指把表布、铺棉和里布这三层叠在一起缝制。绗缝的作用：固定作为芯子的铺棉，加强拼布的拼接针脚，让布块看上去凹凸有致、使作品更加美观等。因此，绗缝应该做到尽可能全面地、毫无遗漏地缝。

●绗缝的方法

据说，在布的斜向（参考P54）绗缝，能使作品能美观。但是，绗缝方法并没有什么规则，不妨自己设计装饰线条，结合花样和自身喜好，在作品上加入适当的绗缝。从P86起的花样，都刊载了绗缝方法的示例。

●常用绗缝种类

沿每一枚布块的轮廓，在内侧0.4cm处进行绗缝。即使有很多小布块或各种各样小布块组合成的花样，也可以把3枚布块牢牢地固定起来，非常常用。这种方法被称为轮廓绗缝。

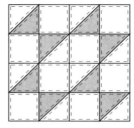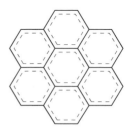

沙漏（左）和六边形（右）的轮廓绗缝示例。

●落针绗缝指?

落针绗缝是指在缝份倒向的反方向布边（0.1～0.2cm处）上进行绗缝的方法。有使花样显得更立体的效果。

落针绗缝示例

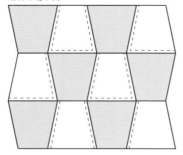

●夏威夷绗缝中的常用设计

在夏威夷绗缝中，回声设计非常常用。回声设计指绗缝针脚在花样的周围，像等间隔的波纹一样的手法。

Step 1 　画绗缝线

●在表布上画引导线

进行绗缝之前，先在表布上画出引导线。这条线被称为绗缝线。在九宫格上绗缝时，按照图示的样子，在布块对角线上画出斜线，能使作品看上去更美观。

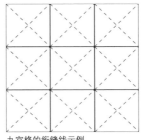

九宫格的绗缝线示例

●画线的顺序

1 为防止布块错位，需使用拼布板。表布摆放时保证能画出笔直的对角线，用布用铅笔等工具，先从最长的线开始画。

2 接下来，在四角形布块的对角线上画线。

准备镇纸，在桌子与身体之间的空间内进行作业

进行绗缝时，如果是小布块，可以像照片中那样，用镇纸压住桌面上的布块，利用桌子与身体之间的空间作业。此外，在像盖毯那样的大幅作品上绗缝时，把绷子夹在身体与桌子中间固定起来，会更容易缝制。

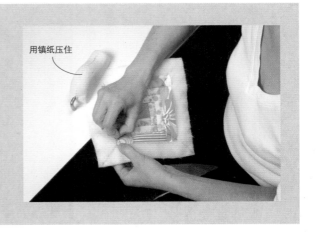

用镇纸压住

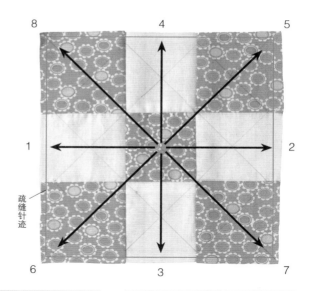

Step **2** 疏缝固定

● 放射状疏缝

把表布、铺棉和里布重叠起来，为使三层紧密贴合利用疏缝固定。疏缝固定时的要点，是从中心位置呈放射状疏缝。此外，疏缝的时候要先右后左，先斜右上后斜左下，并保持左右对称。最后，再在周边疏缝一圈固定。

疏缝针迹

● 疏缝的顺序

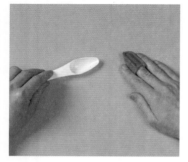

1 先准备好指套（参考P43）和塑料汤匙（参考P45）。把指套戴在持针手的中指上。使用汤匙是为了使布更容易缝制。

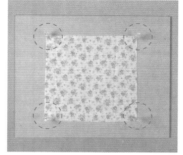

2 在胶合板上（熨衣板的反面也可以），放上尺寸剪得比表布大2~3cm的里布（正面朝下），四个角用按钉（参考P45）固定。

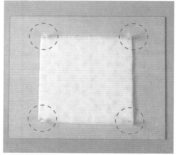

3 在2的上面放上铺棉，用按钉把四个角固定起来。

4 在3的上面再放上表布（正面朝上）然后用按钉固定四个角。制作床罩之类大型作品时，如果家里有榻榻米，可以把布平放在榻榻米上，然后再用按针固定并进行疏缝。

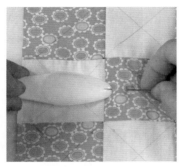

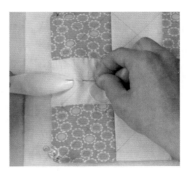

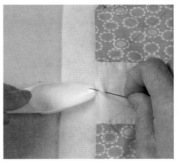

5 在布块的中心位置插入缝针，针要穿过1.5cm厚到达里布层后再穿回正面，这时用汤匙尖把针尖往上抬起，缝起来更轻松。

6 边拉线边继续向前缝。

7 缝到布边后的状态。

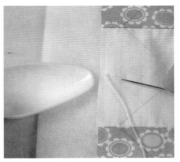

要 点

把布块转过来，
从右至左缝

疏缝固定时，沿水平方向从右向左缝更顺手。当缝线走到左边，不妨把拼布板转过来再继续缝。顺序就像左页那样，左右对称地缝就可以。

8 最后缝1针回针缝。

9 先不用打结收针，直接留出3cm左右的线头后把线头剪断。缝其他地方的时候如果这根线正好冒出来，就把线拉紧然后用针脚压一下。

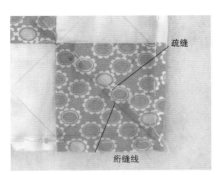

疏缝

绗缝线

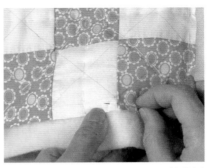

10 如果有疏缝线在，绗缝就会难以进行。斜向疏缝时，注意把针脚稍微偏一偏，以避免与绗缝线冲突。

11 先呈放射状缝，再缝周围。取掉外侧和内侧的按钉，同时在离布边0.5cm处疏缝固定，先不用打结收针，留3cm左右的线头后剪断线头。

绗缝 在表布、铺棉和里布这三层上一起缝制。初始阶段可能不习惯用指套，多练习一下就好了。

●指套的戴法

像照片中那样，戴在左手的食指，或右手的食指和中指（习惯用右手的话）。推荐在负责顶针的左手食指上戴金属指套。在负责按针的右手中指上，戴能起到防滑和助力作用的皮革指套即可。在金属指套上再戴一个皮革指套也可以（参考照片）。抓布时用力的右手食指上，可戴长度到第一关节的橡胶指套等。

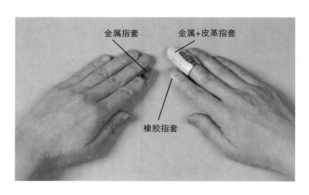

●绗缝针的持法

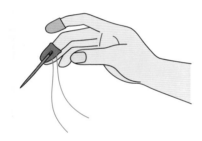

进行绗缝时，应使针头钉在指套的侧面。

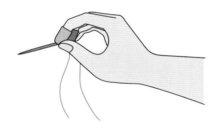

持针时用拇指和食指捏住。

●绗缝的顺序

绗缝与疏缝一样，由内而外缝。在1枚花样中，通常都是先从接近中心的布块开始缝，然后再缝外侧布块。缝九宫格时，先从对角线交叉点开始缝出2根互相交叉的对角线，然后再按图示的样子缝其他线。

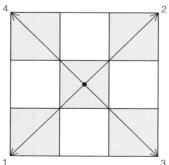

九宫格先从对角线交叉点开始，缝2根相互交叉的对角线。

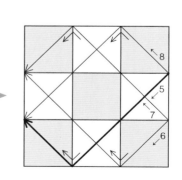

然后再缝其他的线。缝到直角处可以继续缝制。

● 开始绗缝

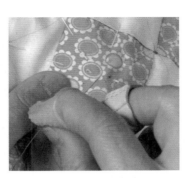

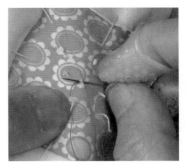

1　线上打好结，然后在稍微偏离中心的位置插入缝针，穿到铺棉层后从开始缝的位置拔出针。

2　拉出缝线，把线结拉到铺棉中。

3　从铺棉下穿过一针后，做1针回针缝。

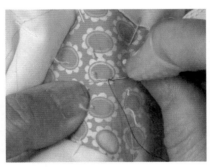

4　再次返回后插针，这次一直穿到里布下面，然后在下一个位置拔出针。

5　从这里开始使用指套，一次性穿3~4次针，继续缝下去。

● 指套的使用方法

布

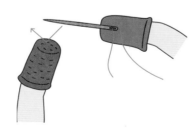

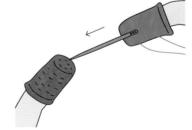

1　当针尖穿到反面后，用左手指套的角顶住针。

2　布块下面左手指套的动作如图所示。用左手指套顶住针后，把针尖顶起来从布块上面穿出来。

3　再次把针尖穿到反面后，用左手指套的角顶住针。重复这样的步骤，继续缝的时候保证针一直顶在指套的角上。

●结束绗缝

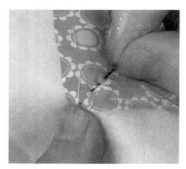

1 进展到周边疏缝结束之前时，最后把针从2针之后的位置拔出来。

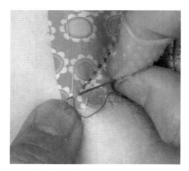

2 做1针回针缝。

3 当针再次返回正面后，从稍远的地方拔出来。

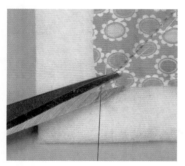

4 先不打结收针，在线稍留出来的位置把线头剪断。

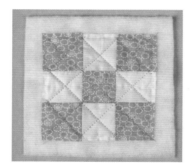

5 全部缝好，绗缝完成后的状态（正面）。

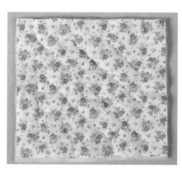

6 （反面）

绗缝时尽量不要剪断线头

在花样上绗缝时，通常先从中心处开始缝，然后再逐渐向外侧推进。例如缝"摇动木马"（P96）时，就是按照图示的顺序缝。1~4，只要线的长度够用，就可以连续缝下去。移到下一块布时，需从铺棉中穿过并渡线。然后再缝5~7，以及剩下的8~9，10~11，12，13。绗缝时尽量不要剪断线头，在可以继续缝的地方就接着缝下去。

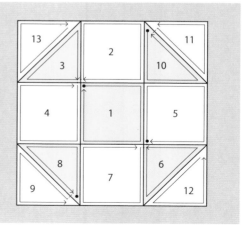

8 布边整理

绗缝结束后，用裁好的布条把布边包起来加以整理。这种方法称为滚边。试着来把布边紧紧地直直地包起来吧！

Step 1　画成品轮廓线

1　只留下周边的疏缝线，把其余的疏缝线拆掉。

0.7cm

2　在离布边0.7cm处画上成品轮廓线。

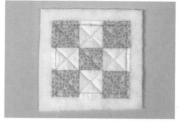

3　成品轮廓线画好之后的状态。

Step 2　固定滚边条

1　滚边条（参考P84）反面朝上，修剪成长方形。

2　将剪好之后的布边向内折0.7cm。

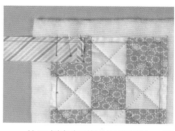

3　从下侧角部附近开始滚边。绗缝顺序上下颠倒过来，把滚边条反面朝上放好，结合成品轮廓线，然后用绷针固定，直到固定到最初的角部。

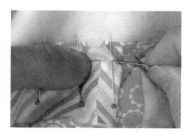

4　从向内折后的布边插针，再使针从里布穿过返回正面，用回针缝法继续缝。

5　缝到最初的角部后的状态。

6　先暂时把针放下，调整布块的方向。包住角部的滚边条。

 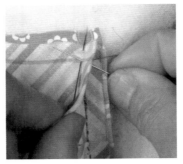 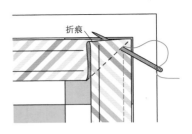

7 角部折向一边，在离折痕0.7cm的位置用绷针固定。

8 眼前的布角先不包起来，把停在一旁的针刺进缝纫结束位置，从下一条边的角部穿出来（参考上图）。

折痕

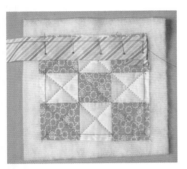 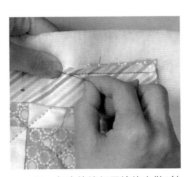 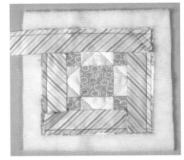

9 把表布与滚边条的成品轮廓线对齐，用绷针固定到下一个角部。

10 下一条边的缝纫开始处也做1针回针缝，然后把滚边条缝合固定。

11 按照8~10的要领用滚边条缝一圈。

 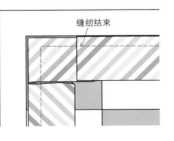

12 缝纫结束时，重叠在刚开始时折起来的0.7cm的布上开始缝，然后把多余的滚边条剪掉即可（参考上图）。

缝纫结束

13 剪掉多余的铺棉，留出0.7cm后的缝份后将缝份修剪整齐。

1 把滚边条立起来。

2 里布朝上，把开始缝纫位置的滚边条折成两层，把缝份包起来，然后用绷针固定。

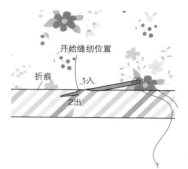

3 将缝针插入里布，使针从开始缝纫位置的折痕处穿出来，拉紧线，把线结拉到滚边条中。

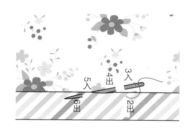

4 从折痕的正下方插入针并穿出来，然后从斜前方的折痕下穿针出来（缲缝）。以0.3～0.4cm的间隔继续往下缝。

5 缲缝到最初的角部后的状态。

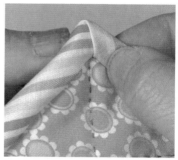

6 调整布块的方向，把正面的拼条布的角叠起来。角部的叠法，如果正面右上，反面则左在上，反面正好相反。

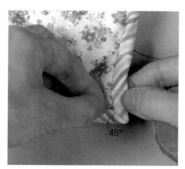

7 回到反面，将两条边沿成品轮廓线折起叠放好，角部在中间。调整角度，使叠在上面的边的折痕呈45度。

8 缝好角部，在下一条边上用绷针固定好，继续往下缝。

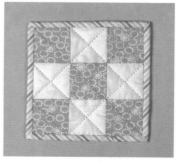

9 4条边都缝好了，完工（正面）。

滚边条，把布块按正斜向（与竖线呈45度）方向裁剪制作。拼布纫缝的乐趣还在于，
滚边也能成为一种装饰。

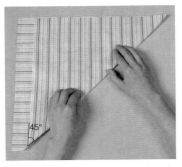

1 准备好布块后，将布折成三角形，轻轻压出折痕。

2 使用直尺，用笔沿折痕画出标记。

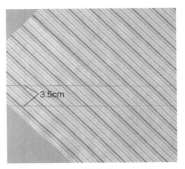

3 画出足够条数的宽3.5cm的平行线。

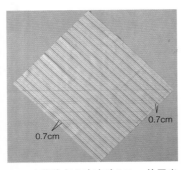

4 在滚边条上离布边0.7cm处画出成品轮廓线，在滚边布的内侧，也画出宽0.7cm的成品轮廓线。

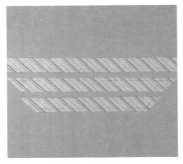

5 沿平行线把布剪开。

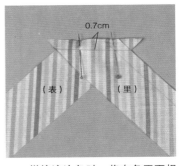

6 拼接滚边条时，将布条正面相对对齐，标记处对齐后用绷针固定起来。

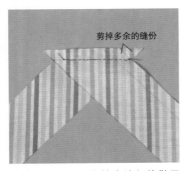

7 在开始缝纫和结束缝纫处做回针缝，然后缝合起来。

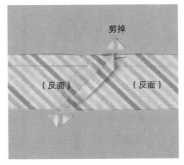

8 将多余的缝份剪掉，就完工了（反面）。

● 滚边条所需尺寸

● 滚边条的长度
以表布成品线全长
+3～5cm的长度为宜。
● 滚边条的宽度
最常用的为包含铺棉厚度
在内的3.5cm宽布条。

Part 3
18款人气拼布样式

拼布纫缝的样式，都是经过漫长的时间传承下来的。

从轴线、花篮、玻璃杯等生活用品，到星星、植物，花样的来源多种多样。

本书从上千种花样中，精选出了18种最常用的样式进行详细介绍。

1 栅栏 RAILFENCE

由3组长方形布块交叉组合而成的花样。无论是用同色系布，还是在每组布块中加入相同的布都能做出漂亮的作品。

正面

反面

制图

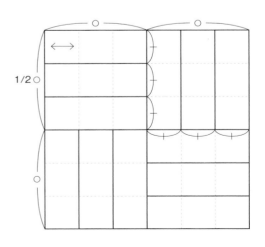

1/2

● 缝纫的方法和顺序

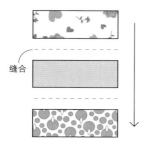

缝合

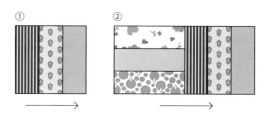

① ②

1 以完全拼缝（参考P58）的要领把上面一行左布块中的3枚布块按顺序缝合，把缝份窝向箭头指示方向。接下来，用完全拼缝的要领缝合布块。

2 ①把上面一行的右布块中的3枚布块按顺序缝合起来，然后把缝份窝向箭头指示方向。
②把左右布块拼缝起来，然后把缝份窝向箭头指示方向。

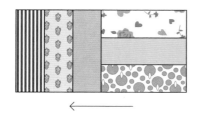

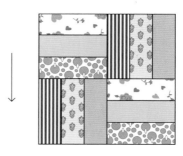

3 同样，把下一行左右布块中的3枚布块按顺序缝合起来（缝份的窝法与1、2相同）。接着再左右缝合，缝份窝向箭头指示方向，使上下行的缝份相互交叉。

4 把上一行和下一行拼缝起来，然后把缝份窝向箭头指示方向。

绗缝设计示例

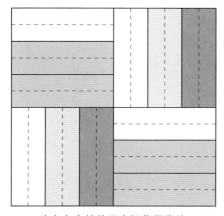

在各条布块的正中间位置绗缝。

配色的变化 ||||||||||||||||||||||||||||||||||||

仅仅通过替换正中间的布块来改变整体风格。

2 三角形 *TRIANGLE*

● ●

用1枚正三角形的纸样做成的花样。中心位置的3枚三角形颜色相同，把其他几个三角形全部换成其他颜色，也不失为一种乐趣。

正面

反面

制图

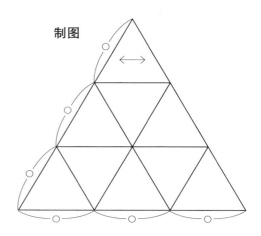

●拼布的方法和顺序

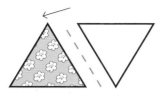

1 用完全拼缝（参考P58）的要领把下面一行的2枚布块缝合起来，把缝份窝向粉色布块方向。接下来，继续用完全拼缝的要领拼接布块。

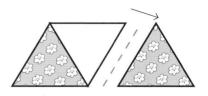

2 在1的基础上把第3枚布块缝上去，缝份窝向粉色布块方向。接下来，缝份均窝向粉色布块的方向。

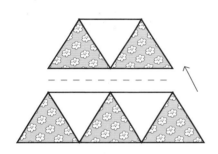

3 在2的基础上，把第4块和第5块布缝上去。按照同样的方法，把中间一行的3枚布块缝合起来。把下面一行与中间行拼缝起来，把缝份窝向上方。

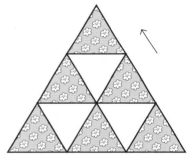

4 缝上最上面的三角形，把缝份窝向箭头指示方向。然后把多余的缝份剪掉收尾。

绗缝设计示例

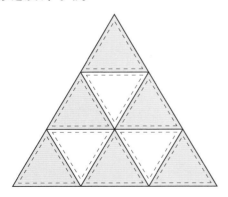

沿各个小布块的轮廓，在离轮廓0.4cm的位置绗缝。这种手法称为轮廓绗缝（P41）。

配色的变化 ||||||||||||||||||||||||||||||||||||||||

除了正中间的3枚三角形布块，其他布块全部用了不同的花色布。这种色调尽管五颜六色，但显得非常典雅。

3 熊掌 *BEAR'S PAW*

用正方形表示手掌，三角形表示指甲。犹如盛开的花朵般的花样。

反面

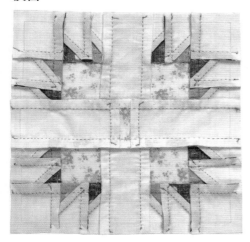

制图

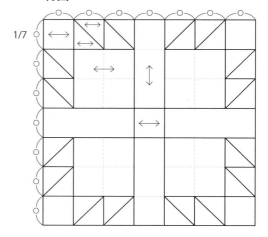

1/7

●拼布的方法和顺序

1 用完全拼缝的要领（参考P58）把上面一行的2枚三角形布块缝合起来，把缝份窝向花布的方向，然后把多余的布边剪掉。接下来，继续用完全拼缝的要领缝合布块。

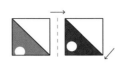

2 把另外一组三角形布块缝合起来，然后把缝份窝向花布的方向。接着再缝合这2组布，缝份窝向内侧。

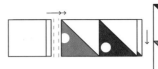

3 把2的布块和正方形布块缝合起来，缝份窝向花布的方向。

4 与1、2相同，把左侧2枚三角形布块缝合起来，缝份窝向中心方向。接着再与大正方形布块缝合起来，缝份窝向大正方形一侧。

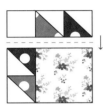

5 把3和4缝合起来，缝份窝向大正方形一侧。按照1~5的步骤再做3组布块出来。

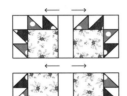

6 夹入长方形布块，把上一行左右块缝合起来，缝份窝向外侧。按照同样的方法，把下面一行也缝起来。

中央的布块

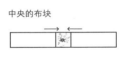

7 在带小花图案的正方形布块两侧，各缝上1枚长方形布块，把缝份窝向中间方向。

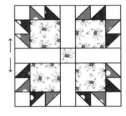

8 把7中完成的部分放在正中间，与6中完成的部分缝合起来，缝份全部窝向外侧。

绗缝设计示例

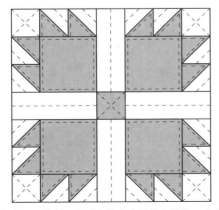

在长方形、外侧三角形布块的中轴线上绗缝，在小四角形的对角线上绗缝。其他布块沿轮廓线绗缝。

配色的变化 ||||||||||||||||||||||||||||||||||||||||||

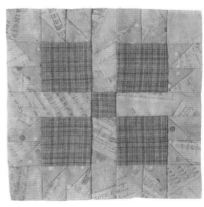

花样以外的部分也使用花布，色调搭配协调，体现出统一感。

4 圆木小屋 *LOGCABIN*

像把中间的正方形围起来一样，在周围缝上一圈带状布条。很像家里房子的木材骨架，所以用这个名字命名。

正面

反面

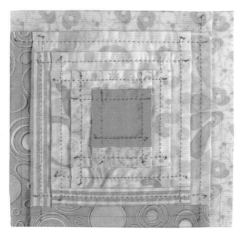

制图

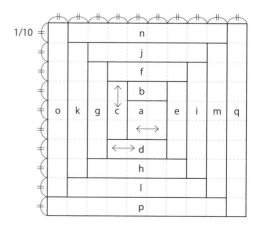

●拼布的方法和顺序

1 按完全拼缝的要领（参考P58）把左页图中的a布块和b布块缝合起来，把缝份窝向外侧。接下来，继续用完全拼缝的要领缝合布块，缝份依然窝向外侧。

2 按同样的方法，把布块c缝在1中完成的部分上。

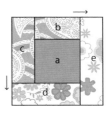

3 按同样的方法，依次把布块d和布块e也拼缝上去。

4 第2圈也按顺序拼缝起来。

5 按同样的方法，把第3圈和第4圈也拼缝上去就完成了。

绗缝设计示例

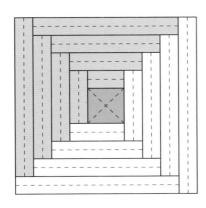

在正中间的正方形对角线上绗缝，在带状布的中轴线上绗缝。

配色的变化 ||||||||||||||||||||||||||||||||||||||||||||||||||

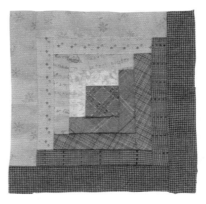

一半布块用深色，另一半布块用浅色的深浅分明的颜色搭配。

压线缝

何谓压线缝?

把里布和铺棉叠放在一起后，直接把布拼接起来的技法。初学者也可以轻松上手，且比一般的缝纫方法更快。在最后一圈，做把花样拼接起来的处理工作。

拼接时：把2枚布块正面相对对齐，避开铺棉和里布，只把表布与表布拼接起来，然后再把铺棉缝合起来，里布层也把一侧的布块与另一侧布块稍微重叠一部分后缲缝固定。

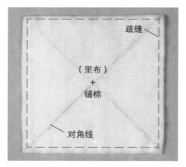

1 在剪得比成品大一圈的铺棉上画出对角线，叠放在里布上，在四边疏缝固定。

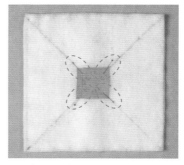

2 把中间布块的角与对角线对齐，用绷针固定。

3 把下一枚布块反面朝下叠放在2中完成的部分上，然后用绷针固定。

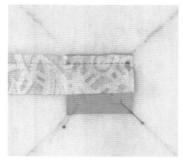

4 穿过三层（里布+铺棉+中心布块+第2枚布块）从一端缝到另一端。不用做回针缝。

5 把多余的布料剪掉，修剪整齐。

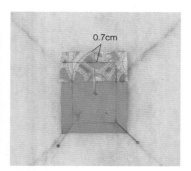

6 把第2枚布块翻回正面，在离布边0.7cm的位置画线。

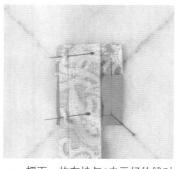

7 把下一枚布块与6中画好的线对齐，用绷针固定。

8 按同样的方法，针穿过三层用一端缝到另一端。不用做回针缝。然后把多余的布料剪掉，修剪整齐。

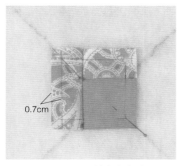

9 返回正面，同样在离布边0.7cm的位置画上线。接着把下一枚布块缝合上去。

0.7cm

10 缝完一圈后的状态。第2圈和第3圈也按同样的方法缝。

最后一圈

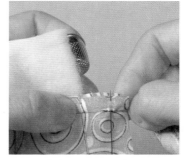

11 开始缝最后一圈。把最后一圈的布块正面相对对齐，四个角的部分（直到对角线位置），只缝合表布。

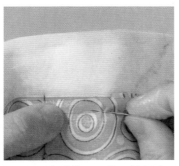

12 从对角线位置开始，针穿过三层缝合。

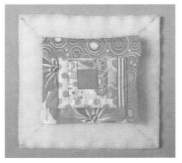

13 同样，把下一枚布块正面相对对齐，四个角的部分（直到对角线位置），只缝合表布。

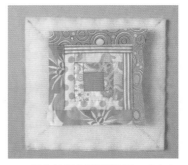

14 把布块翻回到正面后，表布与表布的连接处随风飘动。

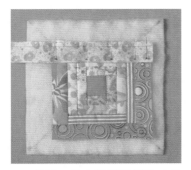

15 把下一枚布块正面相对对齐，并用绷针固定。

16 布幅部分只缝合表布，从对角线的位置开始，缝针穿过三层缝合，然后把多余的布料剪掉。

17 最后一圈缝合完毕，1枚完整的花样就做好了。

摇动木马 *SHOOFLY*

尽管设计非常简单，但通过配色照样打造出漂亮的造型。

 正面

反面

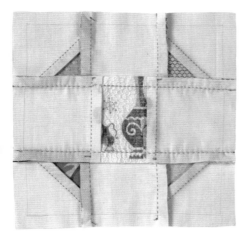

制图

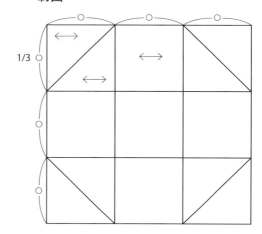

●拼布的方法和顺序

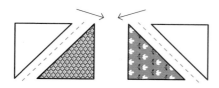

1 按完全拼缝的要领（参考P58）把上面一行的2
枚三角形布块缝合起来，缝份窝向花布方向。接
下来，继续用完全拼缝的要领缝合布块。

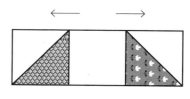

2 把素色正方形布块放在正中间，将其与1中完成
的部分缝合起来。缝份窝向外侧。

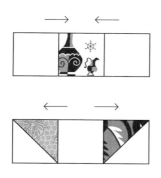

3 把中间一行的3枚正方形布块缝合起来，缝份窝
向花布方向。下一行的布块也按1的方法缝合起
来，把缝份窝向外侧。

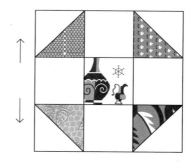

4 把上下三行都拼接起来，缝份窝向箭头指示
方向。

绗缝设计示例

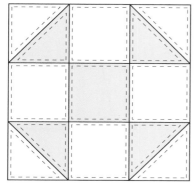

沿各个布块的轮廓，在轮廓内侧0.4cm处绗缝
（轮廓绗缝）

配色的变化 ||||||||||||||||||||||||||||||||||||||||||

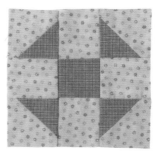

由米色的小花图案和红色方格
两种布料组成，打造出十足的
可爱感。

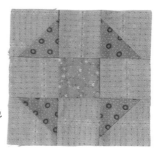

使用了三种布料，三种花纹颜色
互相呼应，有一种整体协调感。

玻璃杯 *TUMBLER*

只用1枚梯形纸样，做出许多形状相同的布块，由这么多布块拼接起来制作而成的花样。利用层染效果，或改变梯形的尺寸，都可以做出有趣的作品。

正面

反面

制图

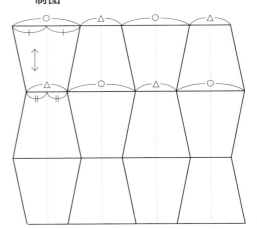

●拼布的方法和顺序

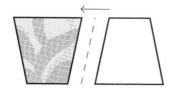

1 按完全拼缝的要领（参考P58）把上面一行的2枚布块缝合起来，缝份窝向花布方向。接下来，继续用完全拼缝的要领缝合其他布块。

2 按照顺序把其他布块缝合起来，缝份窝向花布的方向。

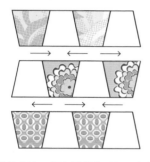

3 按同样的方法，把中间行和下面一行的布块缝合起来。缝份窝向花布方向。

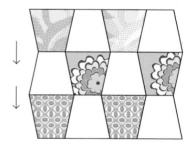

4 把上中下三行缝合起来，缝份窝向箭头指示方向。

绗缝设计示例

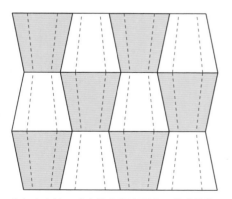

在每个布块一半宽的布幅上再次二等分的位置上加入两条绗缝线。

配色的变化 ||||||||||||||||||||||||||||||||||||||||||||||||

上边和右边布块的颜色都不同，上面一行全是明亮色调。营造出时尚而又淡雅的氛围。右边的排列明暗交替，张弛有度。

7 蝴蝶领结 *BOWTIE*

用来装饰晚礼服衣领的蝴蝶领结。在众多以女性为对象的花样中，这是为数不多的一款以男性为对象的花样。用"嵌入"技法制作而成。

正面

反面

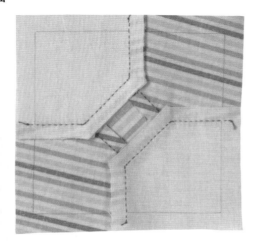

制图

1/4

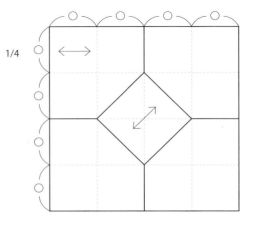

●拼布的方法和顺序

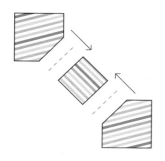

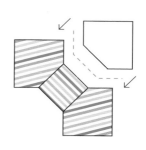

1 按不完全拼缝的要领（参考P59）把3枚条纹布块缝合起来，缝份窝向中心方向。

2 按完全拼缝的要领（参考P58），把素色布块嵌缝进来，缝份窝向花布方向。

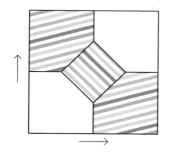

3 按照同样的方法，把另一枚素色布块也嵌缝进来，把缝份窝向花布方向。

绗缝设计示例

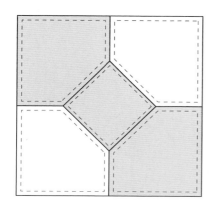

沿各布块的轮廓，在轮廓内侧0.4cm处绗缝（轮廓绗缝）。

配色的变化 ‖‖‖‖‖‖‖‖‖‖‖‖‖‖‖‖‖‖‖‖‖‖‖‖‖‖‖

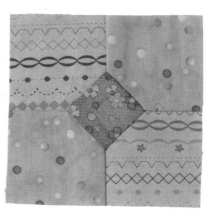

使用三种颜色的布做成的华丽鲜艳而富有韵律感的作品。

8 风车 *WHIRLWIND*

4片羽毛滴溜溜地转似的花样。做成大幅花样，或多缝几枚上去等，可以大大扩展作品的制作余地。

正面

反面

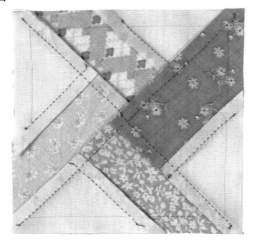

制图

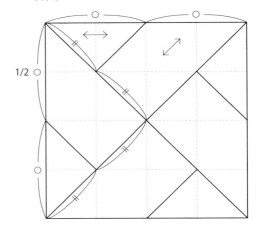

● 拼布的方法和顺序

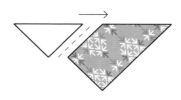

1 按完全拼缝的要领（参考P58）把三角形布块和花布缝合起来，缝份窝向花布方向。接下来，继续按完全拼缝的要领缝合布块。再制作3组三角形与花布的组合。

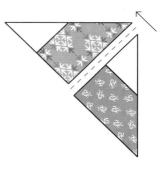

2 把1中制作好的4枚布块中的2枚缝合起来，缝份窝向箭头指示方向。

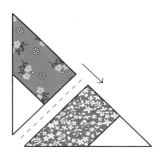

3 按同样的方法，缝合另1组，缝份窝向箭头指示方向。

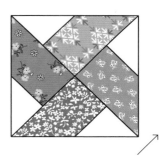

4 把2和3中制作好的2个布块缝合起来，缝份窝向箭头指示方向。

绗缝设计示例

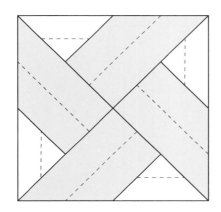

在各个布块的中轴线上加入绗缝。

配色的变化 ||||||||||||||||||||||||||||||||||||||||||||||

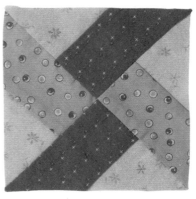

羽毛部分采用红色和灰色两种布。不同的色调，使花样显得更有动感。

9 线轴 *SPOOL*

● ●

线轴是纺织棉线和羊毛线时用到的工具。与蝴蝶领结一样，使用嵌入技法。突出中心布块会有较好的效果。

正面

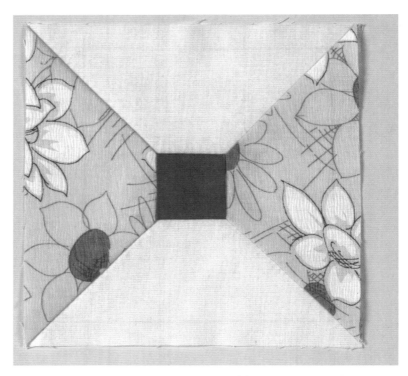

反面

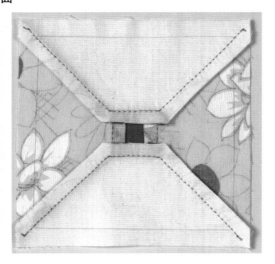

制图

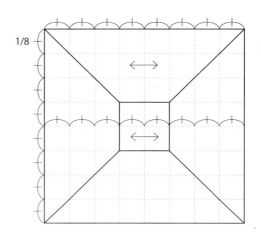

●拼布的方法和顺序

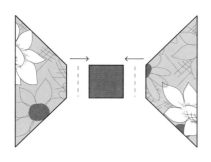

1　按不完全拼缝的要领（参考P59）把中心布块与
　　2枚花布缝合起来。缝份窝向中心方向。

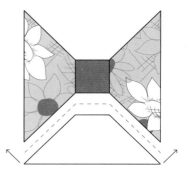

2　按完全拼缝的要领（参考P58），像把素色布块
　　嵌入一样缝合起来，缝份窝向花布方向。

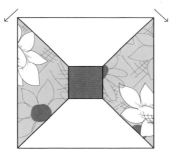

3　按照同样的方法，把另1枚素色布块也缝合起来，
　　缝份窝向花布方向。

绗缝设计示例

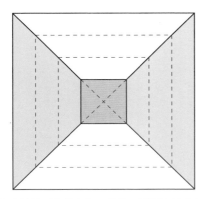

在中心布块的对角线上加入绗缝，周围布块上加入
从中心开始的等间隔正方形绗缝。

配色的变化 ||||||||||||||||||||||||||||||||||||||||||||||||||||||

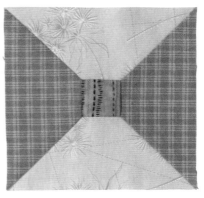

方格布容易给人过于敏锐的印象，搭配浅色花布，使整
体具有一种柔和感。

10 俄亥俄之星 *OHIOSTAR*

三角形布块犹如熠熠生辉的星星，又像蝴蝶驻足在花瓣上。用分割成9份的布块制作而成的一种花样。

正面

反面

制图

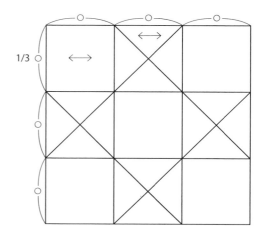

1/3

●拼布的方法和顺序

1 按完全拼缝的要领（参考P58）把三角形的素色布和花布缝合起来，缝份窝向花布方向。接下来，继续用完全拼缝的要领缝合布块。

2 按照同样的方法，再制作一组与1中相同的布块，并缝合起来形成一枚正方形，缝份窝向箭头指示方向。连续做4组正方形布块。

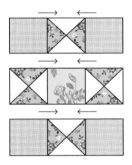

3 按照图示的样子，在2中制作好的正方形布块的左右两侧，各拼接上一枚正方形布块，连续做3组。缝份窝向中心方向。

4 把上中下3行缝合起来，缝份分别窝向中心方向。

绗缝设计示例

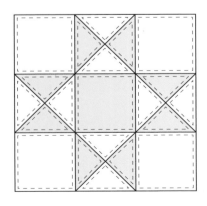

沿各个小布块的轮廓，在轮廓内侧0.4cm处绗缝（轮廓绗缝）

配色的变化 |||||||||||||||||||||||||||||||||||

在中心的正方形布块周围搭配深色三角形布块，外侧的8枚三角形布块花色各不相同。使设计显得有纵深感。

11 夜明星 *EVENING STAR*

通过正方形与三角形布块的配色，使整体印象焕然一新。
由4部分组合而成的一种花样。

正面

反面

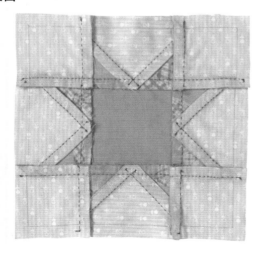

制图

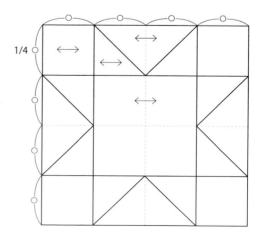

1/4

●拼布的方法和顺序

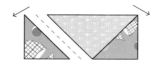

1 用完全拼缝的要领（参考P58）按图示的样子把三角形布块缝合起来，缝份窝向粉色布块方向。继续制作3组相同的组合。接下来，继续用完全拼缝的要领缝合布块。

2 在1的两侧各拼接上一枚小正方形布块，缝份窝向中心方向（上块完成）。

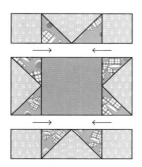

3 按照图示的样子缝合中间块和下块，缝份窝向中心方向。

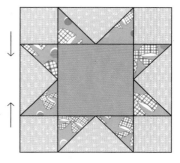

4 把上中下三行缝合起来，缝份各自窝向所在行的中心方向。

绗缝设计示例

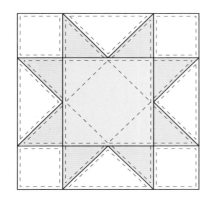

沿各布块的轮廓，在轮廓内侧0.4cm处进行绗缝（轮廓绗缝）。按图示的样子，在大正方形上加绗缝线。

配色的变化 ||||||||||||||||||||||||||||||||||||||||||||||||

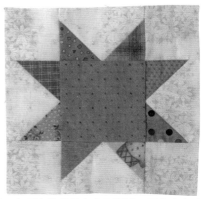

8枚三角形布块的花色各不相同，图案也大小不一，但色调统一，从而起到突出花样的效果。

12 德累斯顿盘子 *DRESDEN PRATE*

这款花样因以德国德累斯顿市盛产的美丽盘子为设计原型制作而得名。
犹如花瓣般的人气花样。

正面

反面

制图

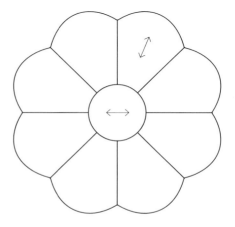

●拼布的方法和顺序

1 把两枚花瓣形状的布块正面相对对齐，按不完全拼缝的要领（参考P58）缝合起来。接下来，继续用不完全拼缝的要领缝合布块。

2 把8枚布块围成一圈缝合。

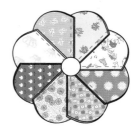

3 缝份全部窝向同一侧。

4 在中心布块一端开始平针缝，缝完一圈后放入圆形纸样，然后把线收紧，制作成圆形（参考P154）。

5 把4中制作好的部分当作花蕊，用立针缝将其固定在中心位置（参考P151）。

绗缝设计示例

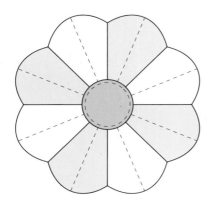

在各个布块的中轴线上加入绗缝线。中心布块沿轮廓绗缝成圆形。

配色的变化 |||||||||||||||||||||||||||||||||||

花瓣形状的布块，采用了2种花布交叉搭配的方式。尽管颜色种类不多，依然可以制作出小巧可爱的花样。

13 蜜蜂 *HONEY BEE*

将正中间的九宫格当作蜜蜂的头，翅膀和身体用贴布体现。
一款非常适合儿童的独特花样。

正面

反面

制图

1/4

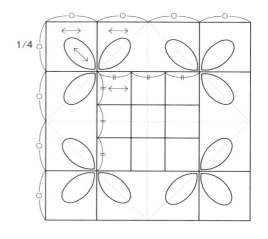

●拼布的方法和顺序

1 依照P61~P64中制作九宫格的方法，先用完全拼缝的要领将3枚正方形布块缝合起来。

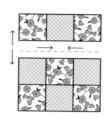

2 其他布块也按制作九宫格的方法缝合起来，按照图示的样子，把上中下三行缝合起来，缝份窝向外侧。

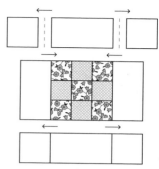

3 把2枚素色正方形布块和长方形布块缝合起来，缝份窝向外侧。再制作1组同样的组合。在2的左右两侧各缝合1块长方形布块，把缝份窝向内侧方向。

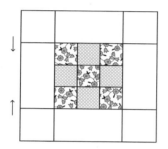

4 把上中下三行缝合起来，缝份窝向中心方向。

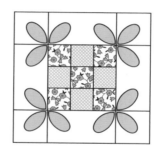

5 在4的基础上加上贴布（参考P151）。

绗缝设计示例

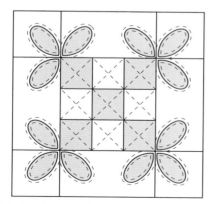

在九宫格上加入斜格子状绗缝线，在贴布的内侧加入绗缝，周围进行落针绗缝。

配色的变化 ‖‖‖‖‖‖‖‖‖‖‖‖‖‖‖‖‖‖‖‖‖‖‖‖‖‖

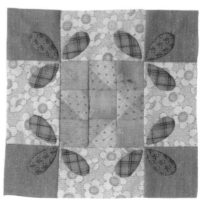

底色布块选用了两种，打造出蜜蜂在花田上飞舞的形象。

14 玫瑰 *ROSE*

从中心开始，三角形逐渐变大，看上去犹如盛开的玫瑰花一般。蓝色系、粉色系、紫色系等颜色也常用于此花样。

正面

反面

制图

1/8

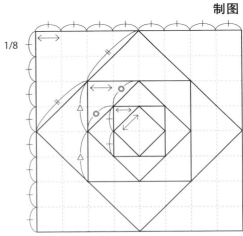

●拼布的方法和顺序

1 用完全拼缝的要领（参考P58）把中间布块和4枚外侧的三角形布块缝合起来。缝合时，按照右上和左下，左上和右下的顺序进行，缝份窝向外侧方向。接下来，继续用完全拼缝的要领缝合布块。

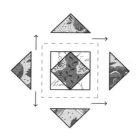

2 在1的基础上再缝下面一层4枚三角形布块。缝合时，按照上，下，右，左的顺序进行，缝份窝向外侧方向。

3 按照同样的方法，在2的基础上再缝下面一层4枚三角形布块，缝份窝向外侧方向。

4 接着，在3的基础上再缝下面一层4枚三角形布块，缝份窝向外侧方向。

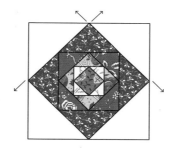

5 把最后4枚三角形布块缝合上去，缝份窝向外侧方向。

绗缝设计示例

沿正中间布块和三角形布块的轮廓，在轮廓内侧0.4cm处绗缝（轮廓绗缝）。外侧按照图示的样子加入等间隔的斜绗缝线。

配色的变化 ‖‖‖‖‖‖‖‖‖‖‖‖‖‖‖‖‖‖‖‖‖

与左页的大红色系花样相对，这款花样采用了粉色系搭配。营造出温暖的氛围。

15 校舍 *SCHOOL HOUSE*

这款人气花样以童话般的可爱设计为特色。还可以通过改变窗户和门的大小等，演绎出很多种不同的效果。

正面

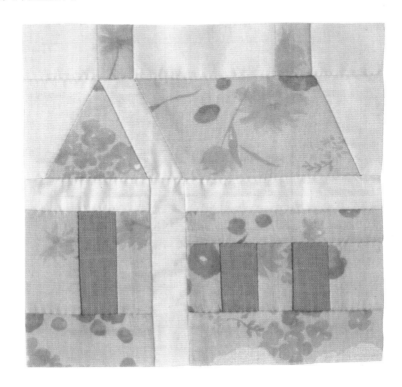

反面

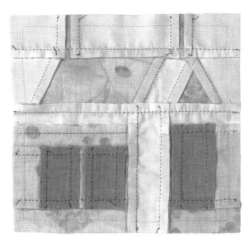

制图

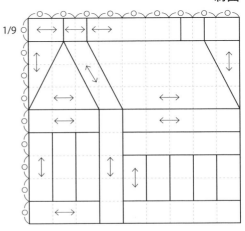

1/9

●拼布的方法和顺序

1 用完全拼缝的要领（参考 P58）把上面一行烟囱部分的布块缝合起来，缝份窝向花布方向（烟囱部分完成）。

2 把第2行屋顶的部分缝合起来，缝份窝向花布方向（屋顶部分完成）。

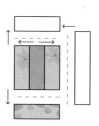

3 房门部分的布块（淡蓝色）放在中间，把3枚布块缝合起来，缝份窝向外侧。然后把上下的布块缝合上去，缝份窝向外侧。接着在右侧缝合上素色布块，缝份窝向花布方向（房门部分完成）。

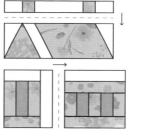

4 把2枚窗户布块（淡蓝色）和花布交替缝合起来，缝份窝向花布方向。接着按照图示的样子，把长方形布块缝合上去，缝份窝向外侧方向（窗户部分完成）。

5 把烟囱部分和屋顶部分缝合起来，缝份窝向屋顶方向。然后把房门部分和窗户部分缝合起来，缝份窝向窗户方向。

6 把5中的两部分缝合起来，缝份窝向屋顶方向。

绗缝设计示例

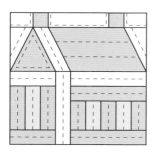

按照图示的样子，在烟囱外侧进行落针绗缝。沿屋顶三角形布块的轮廓绗缝，按照图示的样子在整个屋顶部分加入绗缝线。在屋顶两侧的三角形上加入斜绗缝线。其他布块在各布块中轴线上加入绗缝线。

配色的变化 |||||||||||||||||||||||||||||||||||||||||

烟囱，屋顶，房门和窗户的布全都不同。童话式红色烟囱演绎出可爱形象。

16 花篮 *BASKET*

以藤编或树枝编的花篮为原型的一款花样。由大小三角形组合而成，提手部分加入了贴布元素。

正面

反面

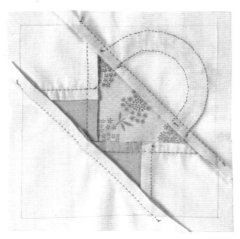

制图

1/3

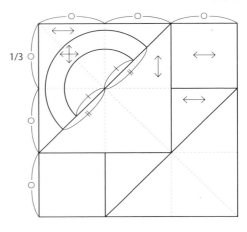

●拼布的方法和顺序

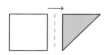

1 用完全拼缝的要领（参考P58）把正方形布块和三角形布块缝合起来，缝份窝向三角形方向。然后再做1组相同的组合。

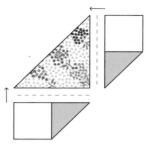

2 按照图示的样子，把大三角形花布与1中完成的组合缝合起来，缝份窝向花布方向。

3 把提手布块的缝份折起来，同时把它缲缝在左上的大三角形素色布块上固定起来（参考P151）。

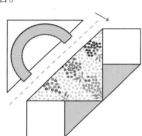

4 把2和3中完成的部分缝合起来，缝份窝向花篮方向。

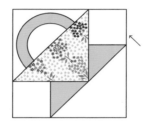

5 把4中完成的部分与大三角形素色布块缝合起来，缝份窝向花篮方向。

绗缝设计示例

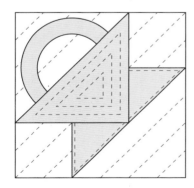

按照图示的样子，在小三角形布块上加入绗缝线，在大三角形花布块上，加入3条三角形绗缝线。周围加入斜绗缝线。

配色的变化 ‖‖‖‖‖‖‖‖‖‖‖‖‖‖‖‖‖‖‖‖‖‖‖

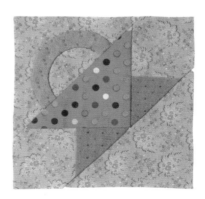

整个花样用三种颜色组成，以突显大三角形。左页的布块为素色布，像这样使用花布也是一种选择。

17 万花筒 *KALEIDOSCOPE*

以看上去既像三角形筒，又像旋转的三角形，以不可思议的万花筒为原型的花样。使用绚丽多彩的配色会更有趣。

正面

反面

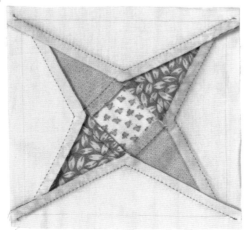

制图

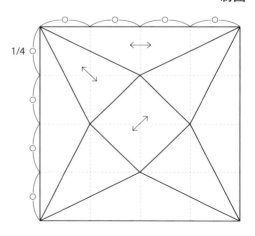

1/4

●拼布的方法和顺序

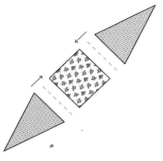

1 用不完全拼缝的要领（参考P59）在四角形布块的两侧各缝合1枚三角形布块，缝份窝向四角形布块方向。

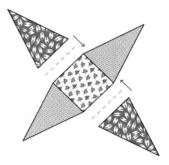

2 用不完全拼缝的要领在1的基础上把剩下的2枚三角形布块缝上去，缝份窝向四角形方向。

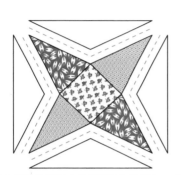

3 用完全拼缝的要领（参考P58）像嵌入一样把4枚大三角形布块缝合上去。

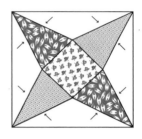

4 缝份窝向花布方向。

绗缝设计示例

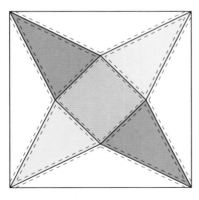

沿各布块的轮廓，在轮廓内侧0.4cm处绗缝（轮廓线绗缝）。

配色的变化 ||||||||||||||||||||||||||||||||||||||||||||||

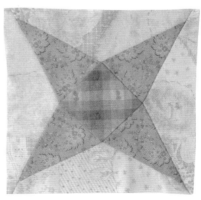

即便是生硬线条的三角形，用了花布也能打造出柔和的印象。

柠檬星 *LEMOMSTAR*

基于星星的设计有很多，这款柠檬星是用8枚菱形布块缝合制作而成。是一种嵌入式花样。

正面

反面

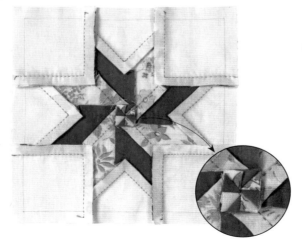

制图

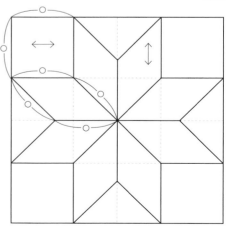

● 拼布的方法和顺序

1 用不完全拼缝的要领（参考P59）把2枚布块缝合起来，缝份窝向一侧。再制作1组相同的组合。

2 用不完全拼缝的要领把1中制作好的2组布块缝合起来，缝份窝向一侧。

3 再制作1组与2中相同的组合，然后用不完全拼缝的要领（参考P124）将两组缝合起来。中心的缝份像风车一样窝向同一侧（参考P122的反面图），把多余的缝份剪掉，修剪整齐。

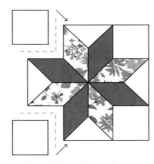

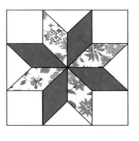

4 在3中制作好的花样上嵌入三角形布块缝合（参考P124）。

5 嵌入四角形布块缝合（参考P124）。

6 缝份窝向花样一侧。

绗缝设计示例

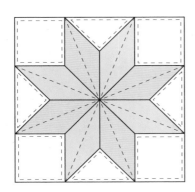

在菱形的中轴线上加入绗缝线。沿各个三角形和四角形布块的轮廓，在轮廓内侧0.4cm处绗缝（轮廓绗缝）。

配色的变化 ‖‖‖‖‖‖‖‖‖‖‖‖‖‖‖‖‖‖‖‖‖‖‖‖‖

8枚布块全部用不同的颜色。与朴素的色调非常吻合。

●3的缝法

1 缝合到花样中心的标记处后，做1针回针缝。

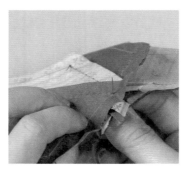

2 将针从中心的标记处拔出来。

3 开始处先做1针回针缝，接着缝后半部分。

●4的缝法

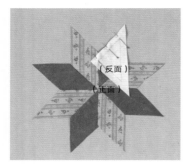

（反面）
（正面）

1 把三角形布块正面相对对齐后用绷针固定起来。

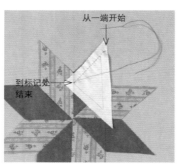

从一端开始

到标记处结束

2 从一端开始缝，缝到标记处后做1针回针缝，然后从标记处拔出缝针。

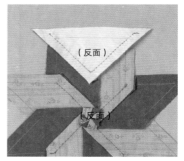

（反面）

（反面）

3 先不剪断线头，继续在下一条边的开始处做1针回针缝，然后缝到另一端即可，缝份窝向花样方向。

●5的缝法

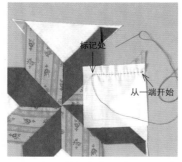

标记处

从一端开始

1 以相同的要领把三角形和四角形布块缝合起来。缝到角部的标记处后做1针回针缝，然后将针从标记处拔出来。

2 先不剪断线头，继续缝下一条边，缝到一端后把多余的缝份剪掉，修剪整齐。

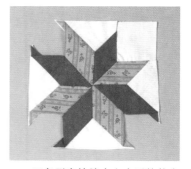

3 四角形布块缝合上去后的状态。缝份窝向花样方向。

Part 4
一起来做拼布绗缝的
可爱小物吧！

掌握了拼布绗缝的顺序之后，让我们赶快来试着做一些作品吧！
为保留布的质感，本书中的花样全部用手工缝制，
在制作包包等作品时也使用缝纫机。
怎么样，还不快点行动起来，用你喜欢的配色制作属于你的原创作品。

六边形荷包&钱包

用7枚布块即可拼接成出花朵形状的六边形。
用它制作出门旅行时方便携带的荷包和小钱包。
在荷包上结合布的图案加入了绗缝线，还原了布料原有的味道。

背面

●六边形荷包的制作方法

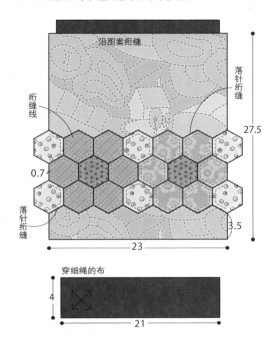

沿图案绗缝

落针绗缝

绗缝线

落针绗缝

27.5

0.7

3.5

23

穿细绳的布

4

21

材料

拼布用布	4种适量
表布（底布·背面）	25cm×30cm 2枚
里布（包括用来整理缝份的滚边条）	29cm×110cm
铺棉	29cm×67cm
穿细绳的布	22.5cm×5.5cm 4块
细绳	56cm 2根
细绳装饰	2个

成品尺寸：
长29.5cm×宽23cm（包括穿细绳的布在内）
·六边形花样的实物大小纸样在P131。

缝份0.7cm
铺棉和里布要裁得比表布稍大一些

·各种布块的数量

中心布块	2枚
花瓣布块	红色·蓝色各6枚
白色布块	6枚

❶ 拼布 参考P69~71，制作2枚六边形花样，像上面插图所示那样与白色布块缝合固定。

❷ 在花样上贴布

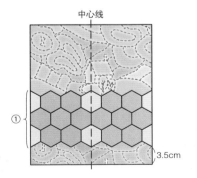

中心线

①

3.5cm

把花样周围的缝份用熨斗熨到内侧。使表布（前侧）的中心线和①的中心对齐放好，在花样的周围疏缝固定，然后进行贴布（参考P151）。在花样上画出绗缝线（P131）。剪掉多余的白色布。

❸ 疏缝固定，绗缝

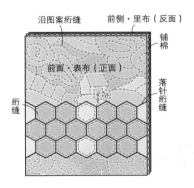

沿图案绗缝

前侧·里布（反面）

铺棉

前面·表布（正面）

落针绗缝

绗缝

把表布（前面）、铺棉和里布（前面）三层叠放起来，疏缝固定后在贴布六边形的边缘落针绗缝，然后绗缝（参考P78）。后面也是同样，把表布（后面）、铺棉和里布（后面）三层叠放好之后，沿图案轮廓绗缝。

❹ 缝合两侧和底部

把❸中制作好的前面和后面正面相对对齐，然后缝合两侧和底部。

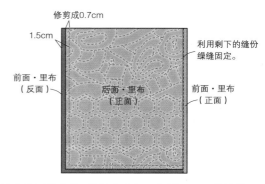

只有前面里布这1枚留出离标记位置1.5cm的缝份，其余布块的缝份全部修剪成0.7cm。用剩下的里布按从两侧到底部的顺序，把0.7cm的缝份包起来，后面也用缲缝固定。

❺ 制作穿细绳的布

把穿细绳的布正面相对对齐，两侧缝合后返回正面，再对折一次。

❻ 固定穿细绳的布

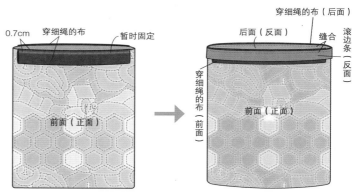

把穿细绳的布暂时固定在袋口的前面和后面。

在穿细绳的布上放上2.5cm宽的滚边条（参考P84）后缝合。

制作成穿细绳的布。

翻到袋子反面，用滚边条把缝份包起来。

对用滚边条包起来的缝份缲缝（参考P83）固定。穿入细绳，缀上细绳装饰，就大功告成了。

●六边形钱包的制作方法

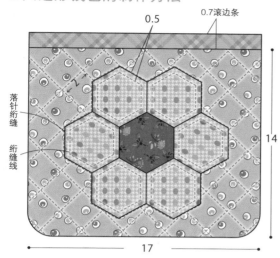

0.5
0.7滚边条

落针绗缝
绗缝线

14

17

材料
拼布用布·······················2种适量
表布（底布·后面）···········19cm×16cm 2枚
里布（包含整理缝份用的滚边条）···45cm×45cm
宽3.5cm的滚边条················40cm
铺棉·······················30cm×45cm
拉链·······················14.5cm 1根 米色

成品尺寸：长14.7cm×宽17cm
·六边形花样，六边形小钱包的实物大小纸样在P131。

缝份0.7cm
铺棉、里布要裁得比表布稍大一些。

·各种布块的数量
中心布块······1枚   花瓣布块······6枚

❶ 拼布
参考P69~71，制作六边形。

❷ 贴布
用熨斗把花样周围的缝份熨到内侧。使表布（前面）的中心线和①的中心对齐放好，在花样的周围疏缝固定，然后进行贴布（参考P151）。画出绗缝线。

❸ 疏缝固定，绗缝
把表布（前面）、铺棉和里布（前面）三层叠放好，疏缝固定后在已贴布的六边形的边缘落针绗缝，然后绗缝（参考P78）。后面也同样先把表布（后面）、铺棉和里布（后面）这三层叠放好，加入宽2cm的绗缝线。

❹ 袋口滚边

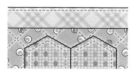

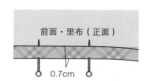

前侧·里布（正面）

0.7cm

在袋口将滚边条（参考P84）和表布（前面）正面相对对齐后缝合，然后剪掉多余的缝份。

把滚边条翻到里布侧，缲缝份的同时用绷针固定起来，然后缲缝固定。按照同样的方法，在后侧袋口也滚边。

❺ 安装拉链

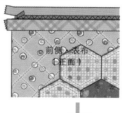

前侧·表布（正面）

安装拉链，从表布（前面）看的时候，拉链的拉环是从右至左的方向。把表布（前面）中心位置和拉链的中心位置对齐，疏缝固定。

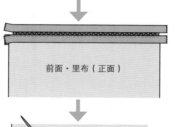

前面·里布（正面）

把拉链缝合上去。

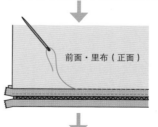

前面·里布（正面）

拉链末端用缲缝针法（参考P83）缝合固定。

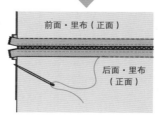

前面·里布（正面）

后面·里布（正面）

后侧的袋口上也固定上拉链，用缲缝针法把拉链末端缝合固定起来。

❻ 缝合两侧和底部

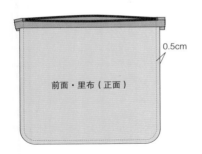

把❺正面相对对齐，在两侧和底部绕缝一圈。然后把拉链拉开，便于返回正面。缝份修剪成0.5cm。

❼ 在缝份上加滚边条

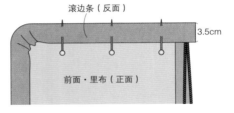

在两侧的缝份上放上宽3.5cm的滚边条，并用绷针固定。两端稍后再包，因此需各多留1.5cm左右。

回到后面，沿❻中的缝纫线在线上缝合。

❽ 把缝份包起来缲缝

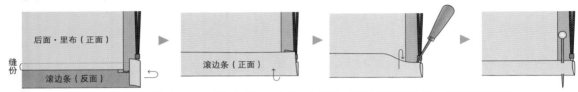

把滚边条折向另一侧，把缝份包起来。一边从右折起，下面向上折起，用小镊子折叠起来，再用绷针固定。

开始缝纫时，竖向插针，把拉链的角缲缝起来后，横向前进，用缲缝针法把两侧和底部的滚边条缝合固定。按照同样的方法，把另一侧的角也折叠缲缝起来。从拉链处返回正面，就完工了。

前面

后面

※六边形花样的实物大小纸样大小与荷包大小相同。（ ）内的数字=缝份

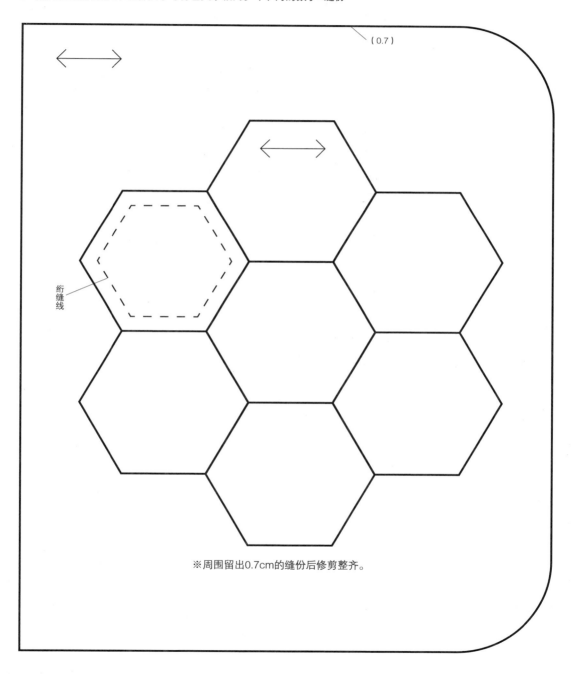

（0.7）

绗缝线

※周围留出0.7cm的缝份后修剪整齐。

131

栅栏花样婴儿毯

先做1枚由3枚长方形布块组成的栅栏花样，然后用61枚这样的花样拼接而成。
初学者也能轻易上手，可以兼作沙发垫或盖膝毯的不可或缺的实用单品。
请一定要试着去做哦！

● 婴儿毯的制作方法

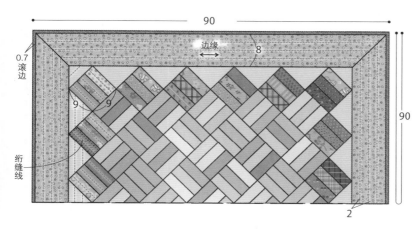

材料

拼布用布·················　各种适量
里布·················　110cm×110cm
边缘布·················40cm×100cm
宽3.5cm的滚边条··············　4m
铺棉·················　110cm×110cm

成品尺寸
长约90cm×宽约90cm
※栅栏花样的实物大小纸样在P135

缝份0.7cm
铺棉、里布需裁得比表布大一些

各种布块的数量
长方形布块·················183枚
三角形（大）布块·············　20枚
三角形（小）布块·············　4枚

① 拼布

参考P86～87，制作61枚由3枚长方形布块拼接而成的正方形花样。按完全拼缝的要领（参考P58），把大、小三角形布块与正方形花样按照斜向排列的顺序缝合起来。

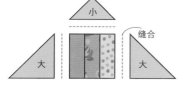

从婴儿毯整体的左端（参考上图）花样开始缝。正方形花样与2个大三角形和1个小三角形缝合起来。

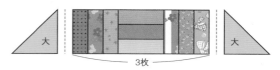

下面一列按照图示的样子，把3枚正方形花样与2枚大三角形布块缝合起来。

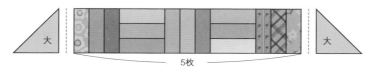

以下的列分别把5枚、7枚、9枚正方形花样与2枚大三角形布块缝合起来。接着再做1组同样的组合。

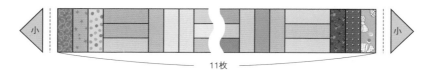

最长的列是把11枚正方形花样与2枚小三角形布块缝合起来。在横向拼接起来的布块上，再按完全拼缝的要领竖向缝合，做成1个完整的布艺作品（参考上图）。

❷ 缝上边缘布

把表布与左边缘布正面相对对齐，按不完全拼缝的要领（参考P59）缝合。

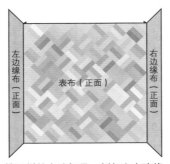

按同样的方法把另一侧与左右边缘布缝合起来。

要点

多用几个绷针固定

像边缘布这种比较长的布，缝的时候很容易移位。把表布与边缘布正面相对对齐后，不妨多用几个绷针，把它们牢牢固定起来。

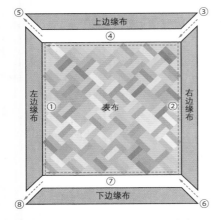

接下来按照图示的顺序，把上下边缘布也缝合上去。

把右边缘布与上边缘布正面相对对齐，在外侧离成品线标记3针的位置做1针回针缝后开始缝合，缝到标记处后再做1针回针缝固定起来。

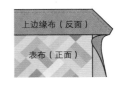

然后，把表布的上部与上边缘布正面相对对齐，做1针回针缝后继续向前缝，缝到标记处后做1针回针缝并固定起来。按照同样的方法缝合固定下边缘布。

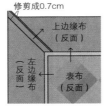

缝份修剪成0.7cm。缝份分别按其对应的箭头指示方向窝过去。

❸ 画绗缝线

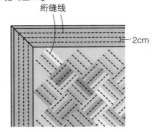

参考P135的插图，在各个布块的中轴线上画绗缝线。边缘布上也画上间隔为2cm的绗缝线。

❹ 疏缝固定

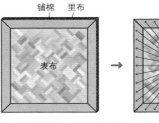

按照里布（反面朝上）、铺棉、表布的顺序叠放起来，从中心位置呈放射状疏缝固定。疏缝线多起来以后，中心位置会有很多线结，会导致之后的绗缝难以进行。不妨在疏缝开始时，把各疏缝线的起点都稍微向外挪一些。

⑤ 绗缝

利用绷子，把绷子从中心位置向外侧逐渐移动的同时绗缝。在离边缘布针脚10cm处的外侧，画上一圈成品线。

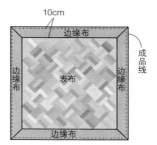

⑥ 布边整理

参考P81～84，在表布的成品线上放上滚边条，开始进行布边整理。完工。

栅栏花样的实物大小纸样和边缘布的裁剪图和尺寸图

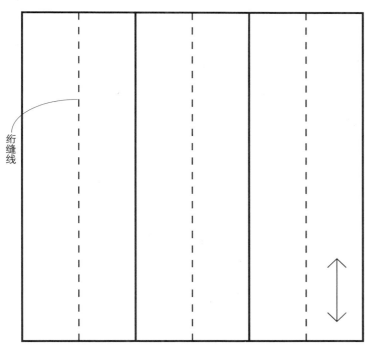

· 在各边缘布的周围留出0.7cm的缝份后修剪整齐

边缘布：裁剪图

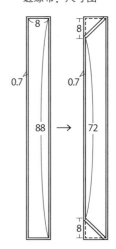

边缘布：尺寸图

玻璃杯花样手提包

拼接在一起的玻璃杯花样布块各不相同，这种差异是拼布所独有的乐趣。
底部设计得比较大，无论大钱包，小钱袋都能放得下。
去附近购物时用起来非常方便。

后面

● 制作方法

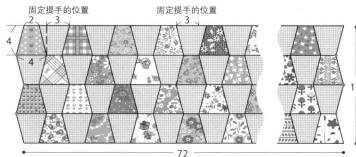

固定提手的位置　　　固定提手的位置

玻璃杯布块的缝份为0.7cm
・标记为不完全拼缝

19.5
9
18
36
18

2　3
4
4

72

16

材料

表布（方格平纹布）…………	57cm × 30cm
表布（印花布）…………	各种适量
口布・底・提手（蓝色斜纹布）………	55cm × 40cm
里布（染色条纹布）………	40cm × 60cm
垫布………	110cm × 25cm
铺棉………	100cm × 25cm
提手芯………	3cm × 38cm　2枚
粘合衬………	3cm × 38cm　2枚

成品尺寸

长19.5 × 宽36cm

提手部分长约9cm

※表布（方格平纹布・蓝色斜纹布）的裁剪图和提手
　与口布的尺寸图，垫布的裁剪图在P139

※玻璃杯的实物大小纸样与内袋布的尺寸图在P144

※卷末附有底部的实物大小纸样

　缝份除玻璃杯布块以外均为1cm

　铺棉和里布要裁得比表布稍大一些

※各种布块的数量
　玻璃杯（印花布）布块　………… 48枚
　玻璃杯（方格平纹布）布块　………… 48枚

❶ 拼布　参考P98～99，把玻璃杯布块缝合起来，缝份窝向印花布一侧。
第2、第3行向下折。上面一行折向口布侧，下面一行折向底侧。

❷ 在铺棉和垫布叠放起来，落针绗缝

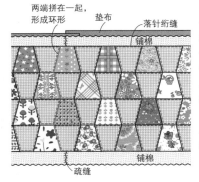

两端拼在一起，
形成环形
垫布
落针绗缝
铺棉
铺棉
疏缝

在❶的基础上，把铺棉和垫布
叠放起来后疏缝固定，在方格
平纹玻璃杯布块的边缘进行落
针绗缝。这时，两侧的花样上
先不做落针绗缝，把左右布块
缝合起来形成环形。以铺棉作
为对照，在接缝处进行疏缝固
定。垫布也做成环形，然后疏
缝固定。环形完成后，在接缝
的布块上落针绗缝。

❸ 制作提手

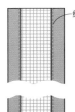

缝纫针脚

粘合衬
（在带胶的一面上贴
上方格平纹布）
提手芯

把方格平纹布与粘合
衬对齐，叠放上提手
芯，然后用蓝色布包
起来。一端窝起，加
上缝纫针脚。

❹ 制作底部

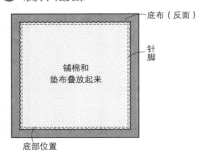

底布（反面）

针脚

铺棉和
垫布叠放起来

底部位置

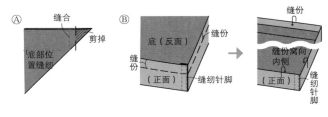

Ⓐ 缝合
剪掉
底部位置缝纫

Ⓑ 底（反面）
缝份
缝份
（正面）
缝纫针脚
缝份
缝份窝向内侧
（正面）
缝纫针脚

Ⓒ 2的侧面袋
缝纫针脚

在底布的底部位置叠放上铺棉和垫布，在底部位置加上一圈缝纫针脚。把多出来的铺棉和垫布剪下来。在底布上加入绗缝线（方法参考卷末纸样）绗缝。

Ⓐ 把四个角缝合起来
Ⓑ 按照图示的样子，把底部折起来，在角部加上缝纫针脚，窝好缝份。
Ⓒ 把底盖在❷的底侧布位置后疏缝固定，然后用缝纫机缝合固定。

❺ 缝合口布

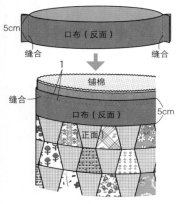

5cm
口布（反面）
缝合
缝合

1
铺棉
缝合
口布（反面）
5cm
正面

缝纫针脚
口布（正面）
正面

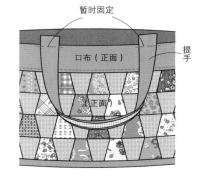

暂时固定
口布（正面）
提手
正面

口布正面相对放好，两端缝合起来形成环形，并将其缝合固定在❷的口部。

把口布返回正面，在连接处边缘从正面加上缝纫针脚。

把提手暂时固定在口布位置。

❻ 制作内袋

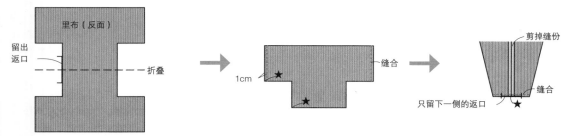

里布（反面）
留出返口
折叠

1cm
缝合
★

剪掉缝份
只留下一侧的返口
缝合
★

里布正面相对对齐，缝合两侧。两侧展开在标记处对齐，一侧留出返口，缝上拼条。做成布袋形状。

❼ 把内袋与口布缝合起来

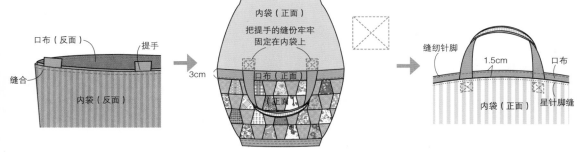

内袋与口布正面相对对齐后，把口布缝合起来。

从返口回到正面，把提手的缝份牢牢固定在内袋上。把内袋放入表袋后，把提手立起来。闭合返口。

在口布上侧加上缝纫针脚。内袋在口布下端做星针脚缝（参考P142）。

表布的裁剪图与提手和口布的尺寸图，垫布的裁剪图

表布（方格平纹布）：裁剪图

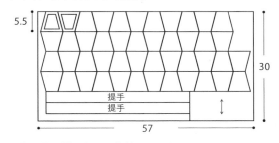

表布（方格平纹布）：尺寸图

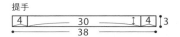

表布（蓝色斜纹布）：裁剪图

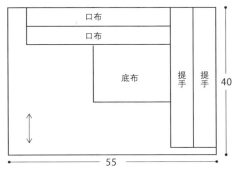

表布（蓝色斜纹布）：尺寸图

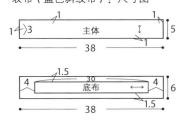

垫布：裁剪图

德累斯顿盘子花样
茶杯垫和茶托

由浅粉色布块组合而成的带典雅花纹的德累斯顿盘子花样茶杯垫和茶托。
茶托在口部添加了贴布元素，格调更高雅。
为你的下午茶时间增添奢华感。

后面

●茶杯垫的制作方法

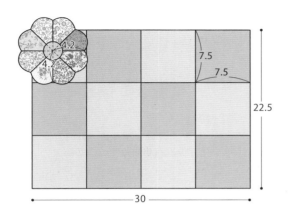

4.2
4.2
7.5
7.5
22.5
30

材料

拼布用布（德累斯顿盘子部分）⋯⋯⋯⋯⋯ 各种适量
表布（深粉色）⋯⋯⋯⋯⋯⋯⋯⋯⋯⋯⋯ 10cm×60cm
表布（浅粉色）⋯⋯⋯⋯⋯⋯⋯⋯⋯⋯⋯ 10cm×60cm
里布 ⋯⋯⋯⋯⋯⋯⋯⋯⋯⋯⋯⋯⋯⋯⋯ 45cm×25cm
铺棉（薄）⋯⋯⋯⋯⋯⋯⋯⋯⋯⋯⋯⋯⋯ 35cm×25cm

成品尺寸 长22.5cm×宽30cm
※德累斯顿盘子花样的实物大小纸样在P142

缝份为0.7cm
铺棉和里布要裁得比表布稍大一些

※各种布块的数量

深粉色布块⋯⋯⋯⋯6枚   花瓣布块⋯⋯⋯⋯⋯8枚
浅粉色布块⋯⋯⋯⋯6枚   中心布块⋯⋯⋯⋯⋯1枚

❶ 拼布

[四角形布块（表布）] 按不完全拼缝的要领（参考P59，从标记到标记）把四角形布块按上图的样子缝合起来，缝份窝向深粉色布块方向。周围的缝份沿成品线折起来。

[德累斯顿盘子]

从标记处缝到标记处
反面

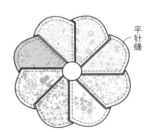
平针缝

参考P110~111，制作德累斯顿盘子花样。为使转弯处显得更完美，在花瓣外侧的缝份上先粗粗地用平针缝缝起来。按不完全拼缝的要领缝合布块，缝份窝向同一侧。在反面放上纸样，缝份窝向反面，边拉平针缝的线边用熨斗整理花瓣形状。

❷ 把德累斯顿盘子固定在表布上

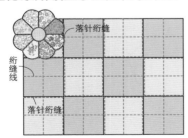
落针绗缝
绗缝线
落针绗缝

把❶中制作好的德累斯顿盘子贴在表布的左上端。并固定好中心位置的圆形布块（参考P111）。在四角形布块上画出绗缝线，把表布与铺棉（薄）叠放起来，疏缝固定。画出呈十字状的绗缝线，进行绗缝，在德累斯顿盘子的边缘和浅粉色布块边缘落针绗缝。

❸ 在凸出来的4枚布块上添加里布

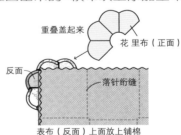
重叠盖起来
花 里布（正面）
反面
落针绗缝
表布（反面）上面放上铺棉

把德累斯顿盘子4枚布块大小的里布缝合起来。缝份折好，叠放在从表布上凸出来的4枚布块上，然后用星针脚缝（参考P142）缲缝固定。

❹ 缝合里布

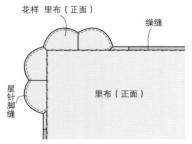

剪掉多余的铺棉。把里布的缝份折好，叠放在❸上，然后在周围缲缝固定（参考P83）。

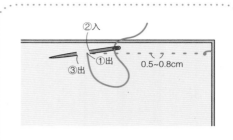

星针脚缝
缝下一针时先后退一点再缝下去的方法。
用细密的针脚把缝份稳稳地固定起来。

茶杯垫的德累斯顿盘子花样的实物大小纸样

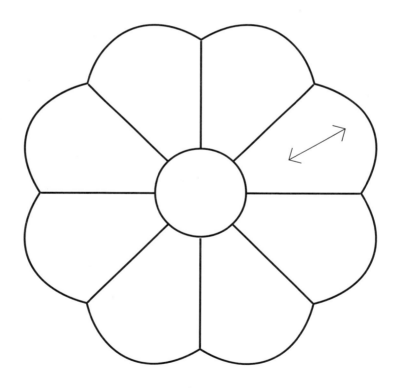

· 在周围留出0.7cm的缝份后修剪整齐

● 茶托的制作方法

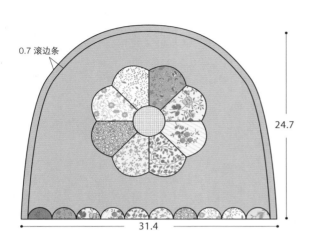

0.7 滚边条

24.7

31.4

材料
拼布用布（德累斯顿盘子·半圆花样部分） 各种适量
表布（包括宽3.5cm的滚边条） ········· 110cm×35cm
里布·····························70cm×35cm
铺棉（厚）·······················70cm×35cm

成品尺寸
长24.7cm×宽31.4cm
※卷末附有实物大小纸样（包括德累斯顿盘子的纸样）

缝份为0.7cm
铺棉和里布要裁得比表布稍大一些

※各种布块的数量
中心布块·············2枚　　半圆布块·········· 20枚
花瓣布块············6枚

❶ 拼布　参考P110~111、P141，制作2枚德累斯顿盘子花样。

❷ 在表布（前面·后面）上贴布
在表布（前面·后面）上分别贴❶中制作好的花样（参考P151）。
在表布上贴开口处的半圆花样时，先在缝份上用平针稀疏地缝一
下，反面垫上纸样，把缝份窝向反面，边拉平针缝的线边用熨斗
整理半圆形布块。

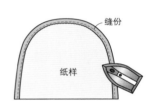

缝份

纸样

❸ 固定铺棉，进行绗缝

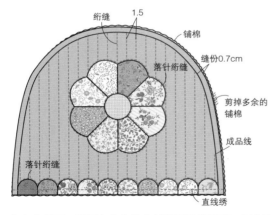

绗缝　1.5

铺棉

缝份0.7cm

落针绗缝

剪掉多余的铺棉

成品线

落针绗缝

直线绣

表布（前面·后面）上各放上铺棉后疏缝固定，以1.5cm的
间隔绗缝。在德累斯顿盘子的边缘落针绗缝。在开口侧的花
样上也落针绗缝。用直线绣在表布（前面·后面）各自的口
部连同铺棉缝上成品线。

❹ 制作口部

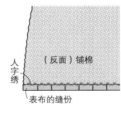

把缝份部分的铺棉剪
掉，缝份窝向铺棉侧，
绣人字绣。

（反面）铺棉

人字绣

表布的缝份

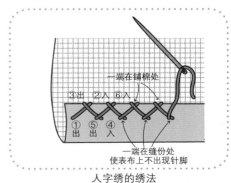

一端在铺棉处

③出　②入　⑥入

①出　⑤出　④入

一端在缝份处
使表布上不出现针脚

人字绣的绣法

❺ 缝合里布

表布（反面）
里布（正面）
叠放
铺棉
里布（正面）
绲缝
疏缝固定
星针脚缝固定

把表布（前面·后面）上多余的铺棉剪下来，叠放上里布，用绲缝针法和星针脚缝固定。周围用疏缝固定。

❻ 周围滚边

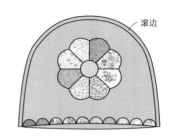

滚边

把❺中2枚表布正面相对对齐后疏缝固定。用宽3.5cm的滚边条（参考P84）把周围的缝份整理好（参考P81～83、P130）。

P136 玻璃杯花样手提包　玻璃杯布块的实物大小纸样，内袋的尺寸图

玻璃杯

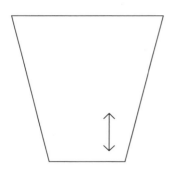

·周围留出0.7cm的缝份后修剪整齐

内袋

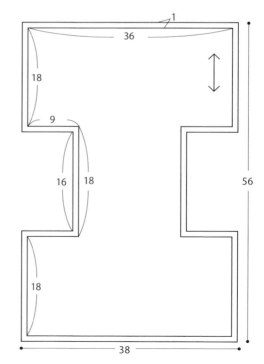

1
36
18
9
16
18
18
56
38

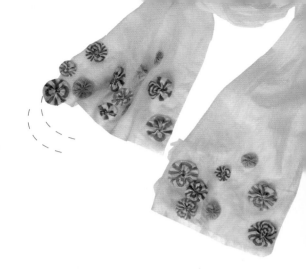

Part 5
绗缝技法

除了平针绗缝，还有很多种漂亮的绗缝技法。
这里将向大家介绍可爱的悠悠花，超有人气的"苏小姐"和传统的"夏威夷绗缝"的贴布技巧。
都很容易制作，赶快来试试吧！

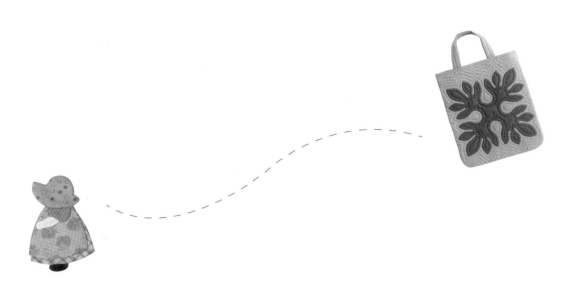

悠悠花
yoyo

圆圆的可爱悠悠花。
把圆形布块的边缘缝起来，只需用力拉紧就能做好的简单人气单品。
照片为市售的带悠悠花装饰的围巾。
利用薄条纹布可以制作成时尚的悠悠花，带来清爽印象。

● 悠悠花的制作方法

纸样

10

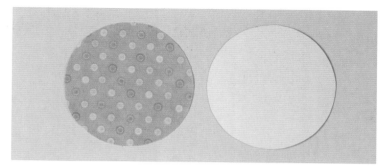

1 利用直径10cm的圆形纸样裁剪布块。线选用拼布专用线。

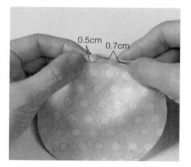

0.5cm 0.7cm

2 布边窝起0.5cm左右，用打好结的线以0.7cm大小的针脚缝起来。

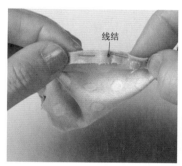

线结

3 缝完一圈后，把针插入线结外侧位置。

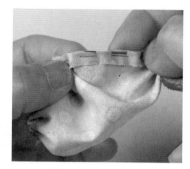

4 重叠缝1针。

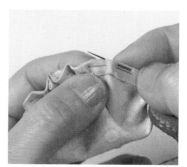

5 将针从边缘拔出来。

6 拉紧线。

7 在收缩而成的褶皱上挑针2圈。

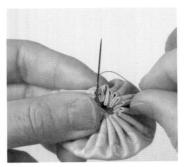

8 打结。

9 从稍远位置把针拔出来，剪断线头。

10 1枚完成后（正面）。直径4.5cm的悠悠花完工了。

● 拼接悠悠花

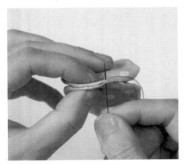
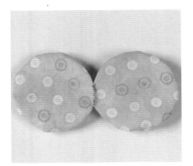

1 将2枚悠悠花正面相对对齐，用卷针缝法（参考P72）拼接起来。最后再返回缝2~3针，打好结。

2 拼接1cm后的状态（反面）。

3 （正面）。

利用中布的悠悠花绗缝

在圆形布块的中心位置用双面胶把小一圈的圆形布贴上去，就可以享受双色悠悠花带来的乐趣了。

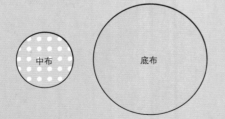

中布

底布

中布（正面）

底布（反面）

1 准备一块比圆形布块（底布）小一圈的中布，在中布的反面贴上双面胶。

2 用熨斗把中布粘在底布的中心位置。

3 用与制作悠悠花同样的方法，先平针缝，然后收紧线即可。

带悠悠花装饰的围巾的制作方法

材料

围巾……市售品（棉 长240cm×宽36cm）
悠悠花绗缝布……丝绸（条纹布各种适量）
软纱……适量

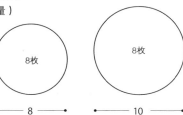

8枚

8枚

8枚

8

10

12

制作方法

① 固定悠悠花

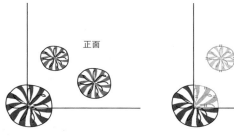

正面

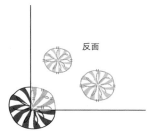

反面

利用纸样把布剪成圆形，制作悠悠花（参考P147～148）。结合整体平衡度确定位置，从围巾侧在悠悠花反面4处缝合固定。线选用拼布专用线。

② 固定软纱

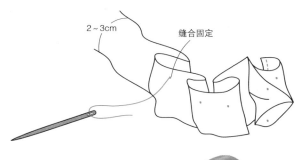

2～3cm

缝合固定

在悠悠花中间固定上带状软纱（照片中为蓝色，作品使品的是白色的）。按照图示的样子，把软纱随意折起来，穿过悠悠花中间，将其缝合固定在围巾上。多用一些能打造出奢华的感觉，请结合自己的喜好决定使用多长的软纱。

苏小姐

SUNBONNET SUE

以大大的遮阳帽和围裙为特征的小女孩。
她的名字是苏小姐，
是一款超有人气的贴布花样。
这里向大家介绍苏小姐的贴布技巧。

●贴布技巧

① 临摹纸样

1 把纸样（P155）贴在一张厚纸上，把苏小姐的全身形状剪下来。

2 帽子，脚和短裙先剪下来备用。

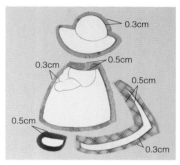

0.3cm
0.3cm 0.5cm
0.5cm
0.5cm
0.3cm

3 按照图示的样子，裁剪布块时留出必要的缝份。布块交叉重叠部分的缝份须为0.5cm。

4 在底布（贴布布）的正面临摹纸样。围裙和脚的线条也画出来。

要 点

用铅笔浅浅地画线
贴布时，在底布上临摹纸样时，先用铅笔浅浅地画线。因为是临摹在布上，若铅笔线条太浓重，会残留在作品上。

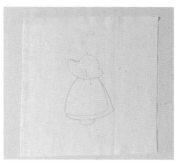

5 纸样临摹好之后的状态。

② 贴布的顺序

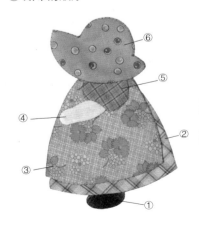

⑥
⑤
④
②
③
①

贴布时，从最下面的布块开始缝合固定，按顺序叠放起来。制作苏小姐时，先从脚开始缝合固定，然后按照短裙、围裙、手、袖子、帽子的顺序缝合。缝合时用立针缝，使表面几乎看不到缝纫线。

贴布布
各种适量

贴布线
线选用与缝合到底布上的布块同色的线（在这里为使明白易懂，选用了红色）。
苏小姐的画框成品尺寸
约19cm×19cm
※苏小姐的纸样在P155

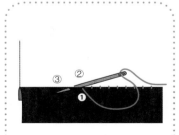

③ ②
①

立针缝的方法
缲缝时使线与折痕呈直角状出现。

③ 缝合脚部

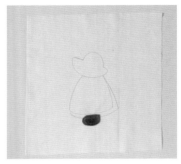

1 把底布纸样线与脚部成品线对齐，用绷针固定。

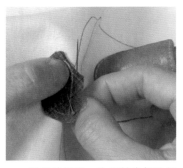

2 采用单根线，先用针尖把缝份折起来，结合纸样线缝合。

重点 手指移开后的状态。从反面插针，然后从折痕的正下方穿针出来。

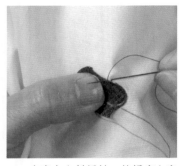

3 在底布上斜插针，从折痕上穿针出来，拉出线。

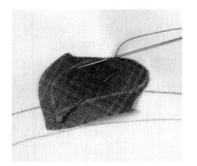

4 转弯处比较平缓，缝到时候需要一点一点地边折缝份边缝下去。

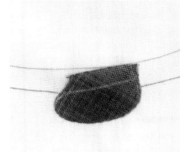

5 脚部缝合固定之后的状态。上部有布重叠的部分先不要做立针缝。

④ 缝合裙角

1 与3中步骤1相同，先把纸样线与短裙的成品线对齐，然后用绷针固定。

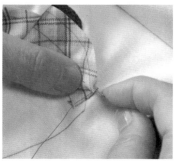

2 开始缝的时候同时用针把缝份折叠起来，缝到裙角处后，以裙角为基点把下一条边的缝份折叠起来。

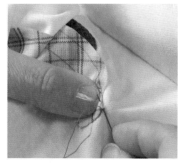

3 用手指压住折好的地方。缝合裙角。

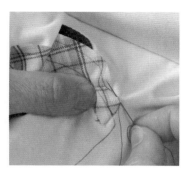

4 将针尖从下一个折痕上穿出来。

5 短裙角被成功地缝上后的状态（右图中被圆围起来的部分）。

6 短裙上其余部分还是用立针缝缝合固定。

⑤ 缝合围裙、手、袖子

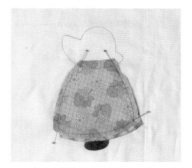

1 把纸样线与围裙的成品线对齐，待角部完全对齐后用绷针固定。

2 用立针缝将围裙缝合固定。

3 手和袖子，把剪下来的纸样放在2中完成的部分上，把袖子和手临摹在围裙上面。

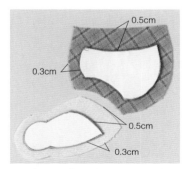

0.5cm
0.3cm
0.5cm
0.3cm

4 把纸样放在袖子和手用的布块上，留出0.3cm的缝份（布块重叠的部分为0.5cm）后修剪整齐。

剪豁口

5 先把手缝合固定，然后把纸样线与袖子的成品线对齐后用绷针固定，再缝合固定袖子即可。

要 点

在转弯处凹下去的部分剪出豁口

袖口转弯处凹下去的部分，在缝份上剪出1~2处长约为缝份一半的豁口，用针尖折叠起来，即可缝出平滑的转弯了。

⑥ 缝合帽子的折角

**先从平滑的
转弯处开始缝**

缝合弧线较多的部分时，不妨
先从平滑的线条处开始缝。缝
合帽子时，若先从与袖口重叠
的部分开始缝应该会比较容易。

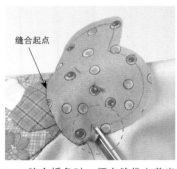

缝合起点

1 把纸样线与帽子的成品线对齐，
用绷针固定。

2 缝合折角时，须在缝份上剪出
豁口。

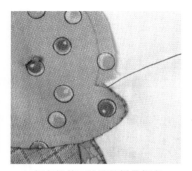

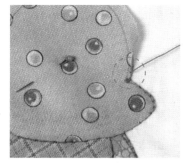

3 把角部前面的缝份折叠起来。

4 在角部做2～3次立针缝。

5 按照同样的方法，把其他转弯
也缝合固定起来。

⑦ 制作花形

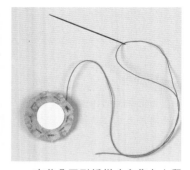

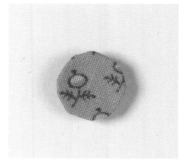

1 在花朵圆形纸样（市售）上留
出0.5cm的缝份后裁剪布块，把
纸样叠放在布块反面，周围用
平针缝缝起来。

2 用手指按压住纸样，同时把线
拉出来，把缝份整齐地收紧后
打个结，剪断线头。

3 用熨斗整形。只剪掉1处的线头
后取出纸样。把小花贴到底布
上，在花茎和帽子上刺绣（轮
廓绣）后收尾即可。

轮廓绣

轮廓绣

以上纸样以125%扩印后,用来当作实物大小纸样

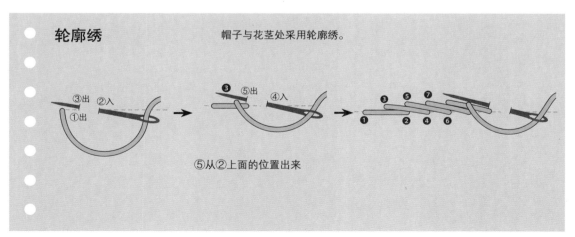

轮廓绣

帽子与花茎处采用轮廓绣。

③出
①出
②入

❸ ⑤出 ④入

❸ ❺ ❼
❶ ❷ ❹ ❻

⑤从②上面的位置出来

夏威夷绗缝包包
HAWAIIAN QUILT

夏威夷式传统拼布绗缝。
布块折叠起来，在上面贴上左右对称的花样。
花样的周围，常加上层层波浪般的回声绗缝。

1 准备好底布（灰色），贴布布（红色）和纸样（P159）。

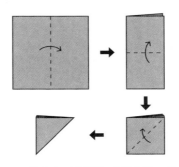

2 贴花布对折两次成正方形，然后再沿对角线折成三角形，用熨斗把线压得更清晰。

3 把纸样放在贴布布上，用布用铅笔临摹出图案。

4 疏缝固定起来防止布块移位，沿纸样线裁剪布块。

5 把布块平摊开来，贴布布叠放在底布上，把2枚布块的折痕对齐后用绷针固定。

6 疏缝固定。先在对角线上疏缝，然后再细细地缝下去。

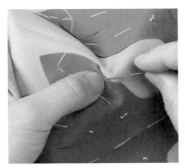

7 从较平缓的转弯部分开始缝。用针尖把缝份折成0.3cm（目测）。

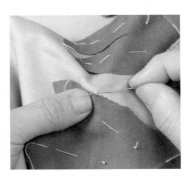

8 用手指按压住布块，然后用立针缝固定（参考P151）。

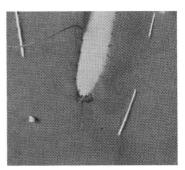

9 因转弯部分容易脱针，立针缝时需要缝得密一些。

夏威夷绗缝包包的制作方法

材料

表布（含口布用宽为3.5cm的滚边条）……110cm×35cm

贴布布……25cm×25cm

里布（含整理缝份用的滚边条）……110cm×35cm

铺棉……32cm×66cm　网眼棉……30cm×8cm

成品尺寸

长30cm×宽26cm　提手部分长约10cm

卷末附有实物大小纸样

表布（底布）缝份为0.7cm

铺棉和里布要裁得比表布稍大一些

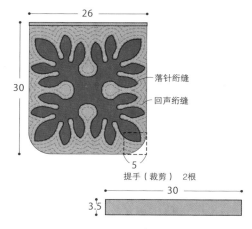

落针绗缝

回声绗缝

5

提手（裁剪）2根

30

3.5

制作方法

①在表布上贴布　在表布前面贴上夏威夷绗缝的花样（参考P157）。

②绗缝　把表布（前面·后面）、铺棉、里布三层叠放起来，疏缝固定后进行绗缝。

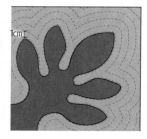

1cm

前面在花样的边缘加入落针绗缝，在花样的周围加入回声绗缝。此外，在花样内侧0.7cm处也加入绗缝（参考P156的图片）。

2cm

后面用缝纫机按照图示的样子，加入间隔为2cm的绗缝线。

③缝合两侧和底部

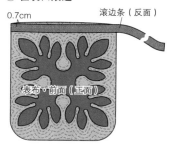

滚边条（反面）

表布·前面（反面）

把前面与后面正面相对对齐，将两侧和底部暂时固定起来。滚边条（参考P84）正面相对对齐，缲缝两侧和底部。用滚边条把缝份包起来，在后面用缲缝针法（P83）缝合固定。

④在袋口滚边

0.7cm

滚边条（反面）

表布·前面（正面）

把③中完成的部分返回到正面，按照图示的样子在袋口加上滚边条，把缝份包起来，在反面用缲缝针法缝合固定。

⑤制作提手

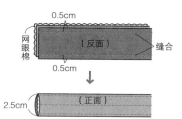

0.5cm

网眼棉

（反面）

缝合

0.5cm

2.5cm

（正面）

把提手用布正面相对对齐，一侧放上网眼棉对齐后，将两侧缝合起来。回到正面后在两端和正中间刺绣。制作2枚相同的组合。

⑥ 安装提手

把提手的两端折起来，在反面
缝合固定。

裁剪图　表布·里布（无提手）

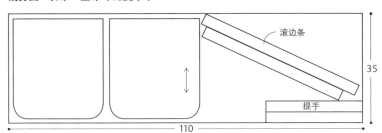

TITLE：［イチバン親切なパッチワークの教科書］

BY：［新星出版社編集部］

Copyright ©Shinsei Publishing Co.,Ltd. 2011

Original Japanese language edition published by Shinsei Publishing Co.,Ltd.

All rights reserved. No part of this book may be reproduced in any form without the written permission of the publisher.

Chinese translation rights arranged with Shinsei Publishing Co.,Ltd.

Tokyo through Nippon Shuppan Hanbai Inc.

图书在版编目（CIP）数据

最详尽的拼布教科书/新星出版社编集部编著；赵净净译. -- 石家庄：河北科学技术出版社，2014.11（2018.11重印）

ISBN 978-7-5375-7269-9

Ⅰ.①最… Ⅱ.①日…②赵… Ⅲ.①布料 – 手工艺品 – 制作 Ⅳ.①TS973.5

中国版本图书馆CIP数据核字(2014)第226163号

最详尽的拼布教科书

新星出版社编集部　编著　赵净净　译

策划制作：北京书锦缘咨询有限公司（www.booklink.com.cn）

总 策 划：陈　庆

策　　划：邵嘉瑜

责任编辑：杜小莉

版式设计：柯秀翠

出版发行	河北科学技术出版社
地　　址	石家庄市友谊北大街330号（邮编：050061）
印　　刷	天津市蓟县宏图印务有限公司
经　　销	全国新华书店
成品尺寸	170mm×240mm
印　　张	10
字　　数	80千字
版　　次	2015年1月第1版 2018年11月第5次印刷
定　　价	39.80元